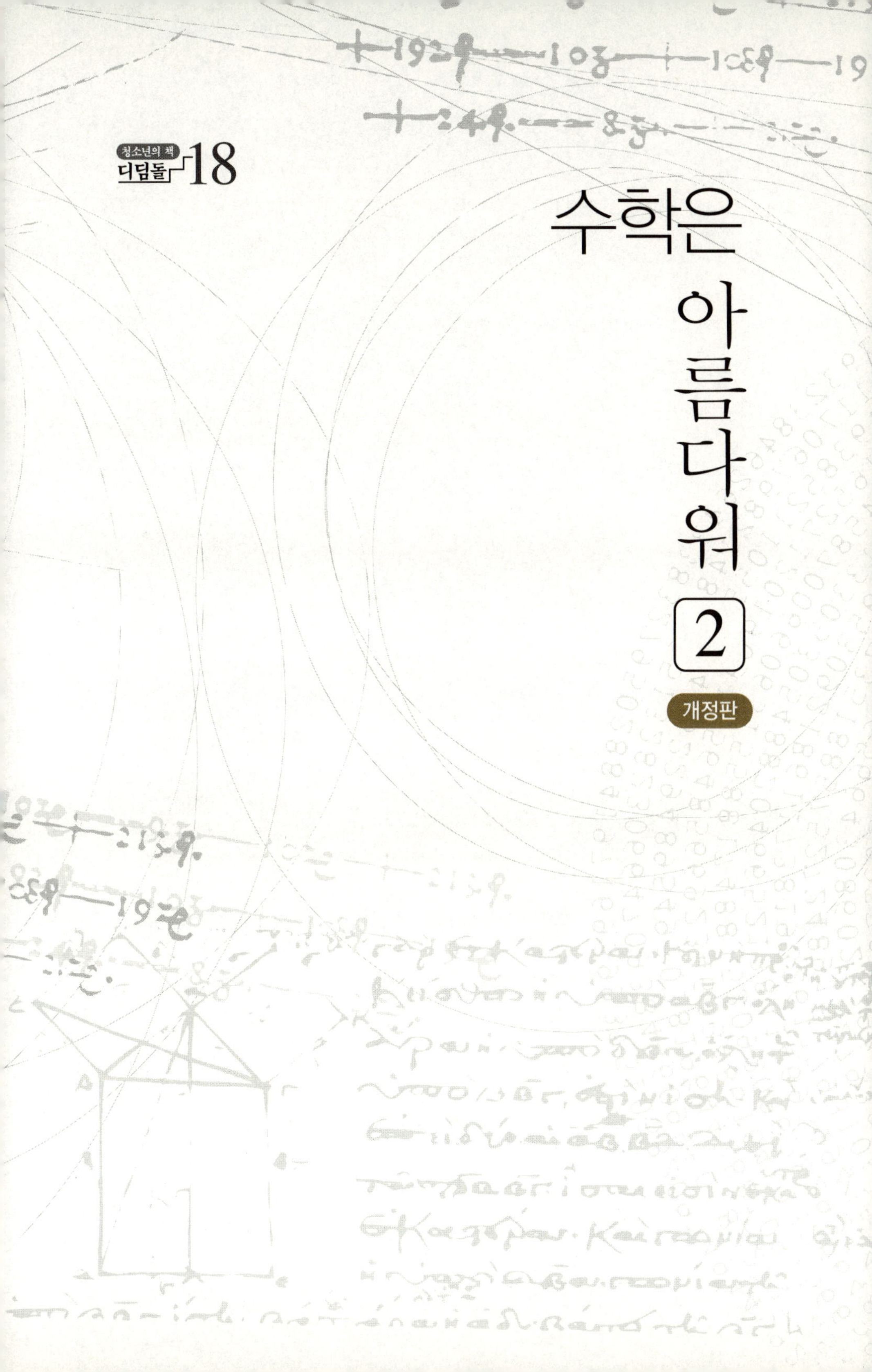
청소년의 책
디딤돌 18

수학은
아름다워

2

개정판

수학은 아름다워

신바람 나는 고딩 수학을 위하여

육인선 지음 | 박향미 그림

2

개정판

동녘

십 년 동안 받은 사랑을 떠올리며

내가 수학 교사로서 첫발을 내딛던 때에도 수학은 학생들이 가장 싫어하는 과목 중의 하나였다. 나는 수학이 너무 어렵다고 한숨을 쉬며 투정하는 아이들을 보면 마음이 아팠다. 이것은 나뿐만 아니라 교직에 몸담은 동료 교사들의 공통된 고민이기도 하였다. 그래서 각자의 경험과 공부한 내용을 토대로 수업 시간을 좀더 재미있고 활기차게 만들기 위한 작은 노력이 시작되었고, 모두가 지혜를 모아 한 권의 책으로 엮어 낸 때가 1991년이었다. 미약한 내용이나마 공유할 기회를 만든다는 점이 보기 좋다는 주변의 격려를 진짜로 믿고서…….

우려와는 달리 뜻밖에 많은 사람이 《수학은 아름다워 1》이라는 책에 관심을 보여 주었다. 책을 읽은 사람들은 책이 재미있어 수학에 흥미를 느끼게 되었다는 얘길 했고, 수학을 가르치는 선생님들도 수업에 도움이 많이 되었다는 인사를 전해 왔다. 부끄럽고 송구한 마음으로 시작한 일이 많은 사람에게 도움이 되었다니 정말 기뻤다.

그런 기쁨이 주는 용기가 사라지기 전에 또다시 1992년에 《수학은 아름다워 2》를 세상에 내놓게 되었다. 이 역시 부끄러웠으나 수

학 교사로서 더욱 많은 아이들을 사랑하는 방법이라는 믿음으로 한 일이었다.

그로부터 벌써 십 년이 넘는 세월이 흘렀다. 정말 고맙게도 《수학은 아름다워 1, 2》는 사람들에게 수학의 아름다움을 전하며 긴 세월 동안 그 향기를 간직하고 있었다. 그리고 더욱 행복한 일은, 그 향기가 멀리 퍼져 전국의 많은 수학 선생님이 저자를 기억해 주고, 또 많은 분이 내 책을 보고 힘을 얻었다며 자신의 연구 결과를 책으로 발표하여 여럿이 공유하도록 용기를 낸 것이다.

그러나 세월이 흐르면서 교육 과정이 상당히 바뀌고 우리 학생들의 눈높이도 높아져 고쳐야 할 부분이 여기저기 눈에 띄었다. 그래서 부족하나마 개정판을 준비했다. 이번 개정판에서는 초판의 내용을 최대한 살리면서도 지엽적이거나 너무 어려운 부분은 과감히 덜어 내고, 무한·함수·변환과 같이 원리 이해에 꼭 필요한데도 학생들이 어려워하는 개념은 사례를 들어 쉽게 풀어서 설명하였다.

개정판의 구성을 간단히 소개하면 다음과 같다.

첫 장에서는 현대 수학의 기초가 되는 집합론에 대하여 얘기하였

다. 여기서 한 발 더 나아가 무한이라는 신비로운 세계를 마음껏 여행해 보기 바란다.

둘째 장에서는 실수·복소수·함수·행렬에 공통으로 적용되는 수학의 구조를 정리하였다. 흔히 이것들이 서로 전혀 다른 범주인 것처럼 생각하는데, 이 부분을 읽다 보면 그 모두를 아우르는 큰 흐름이 있음을 알게 될 것이다. 더불어 이러한 점이 바로 수학의 한 모습임을 발견하는 즐거운 기회가 될 것이다.

셋째 장으로는 '실생활에 등장하는 함수'를 새롭게 덧붙여, 함수가 막연한 개념이 아니라 사실은 우리 주변에 생생히 살아 있음을 여러 가지 재미있는 예를 들어 서술하였다. 읽다 보면 수학이 우리 곁에 훨씬 가까이 다가와 있음을 느낄 것이다.

넷째 장에서는 조금 어려운 듯하지만 우리 생활과 연관이 많은 변환에 대해 살펴보았다. 단계별로 잘 정리해 가면서 읽으면 사고의 폭이 넓어질 것이다.

마지막 장은 확률과 통계에 관한 것이다. 어려운 이야기는 생략하고, 우리 주변에서 오해하기 쉬운 여러 가지 사례를 들어 현명하게 판단하는 데 도움이 되도록 하였다.

나름으로는 최선을 다했으나 여전히 부끄러운 작업을 격려하고 개정판이 나오도록 도와주신 동녘 편집부에 감사하며, 늘 곁에서 따뜻한 시선으로 지켜보며 도움을 준 남편에게도 고마움과 사랑의 마음을 전한다.

어느 학생의 맑은 웃음이 떠오른다. 그 학생이 했던 말을 또다시 들을 수 있다면 더 이상 바랄 것이 없겠다.

"선생님, 책을 읽어 봤는데요, 수학이 '아름답다'까지는 아니지만 '흥미 있는 것이구나'까지는 느꼈어요. 앞으로 '아름답다'고 느낄 수 있도록 더욱 열심히 공부할게요."

2004년 7월
수학 교육의 밑거름이 됨을 기쁘게 생각하며
행복한 일터인 교무실에서
육인선

3장 실생활에서 만난 함수

5장 통계와 진실

집합 이야기

1 정의

수학은 약속에서 출발한다

어두운 밤이 지나고 동녘 하늘에 둥근 태양이 떠오르면 우리는 잠자리에서 일어난다. 세수하고 밥 먹고 학교에 가서 공부하고, 다시 집에 와서 밥 먹고 공부하고 자는 것이 대다수 학생들의 생활 모습일 것이다.

이제는 아침마다 일어나는 것이 "5분만 더……." 하는 자신과의 싸움이 되어 버렸겠지만, 그 옛날 아주 어린 시절, 깜깜할 때 잤는데 눈떠 보니 환한 아침인 것이 신기했던 기억은 없는지, 또 산 너머로 지는 해를 보며 하늘 높이 있을 때는 작았는데 산 위에 있을 때는 커다랗게 보이는 데 놀란 적은 없는지. 혹은 횡단 보도에서 초록색 불이 켜지기를 기다리면서 왜 빨간 불일 때 건너면 안 되는지에 의문을 가져 본 적은 없는지.

앞의 의문들에 대해서는 중학생 정도면 훌륭하게 대답을 할 수 있을 것이다. 우주와 태양계, 그 안에 있는 태양과 지구의 위치와 지구의 자전과 공전에 대한 것들은 학교에서 배운다. 해는 왜 동쪽에서 뜨고 서쪽으로 지나? 달은 왜 밤에만 뜨나? 달의 모양은 왜 주기적으로 변하는가? …… 즉, '왜 그러한가'를 배우는 것이다.

그러나 어린아이들은 왜 빨간 불일 때 건너면 안 되는지를 배우는 것이 아니라 다만 초록색 불이 켜졌을 때 건너라고만 배운다. 왜 하필이면 초록색 불이냐고 따져 물으면 할말이 없다. 그것은 처음 신호등을 만들었을 때, 사람들이 정한 규칙, 즉 약속이다.

우리나라에서는 자동차 운전석이 차의 왼편에 있고, 도로에서는 차가 진행 방향의 오른쪽 길을 달리도록 되어 있다. 왜 그럴까? 그건 우리나라에서의 약속이다. 가까운 일본은 우리와 반대로 운전석이 오른쪽에 있고 차들이 왼쪽으로 다닌다. 특별한 이유는 없다. 그건 그들끼리 정한 약속이다.

길거리에는 다음과 같은 표지판들이 많이 서 있다.

이것들은 차례로 도로 폭이 좁아짐, 진입 금지, 횡단 금지 표시들이다. 이 표지판들이 뜻하는 것은 모두 우리가 이유 없이 외워서 지켜야 하는 우리 사회의 약속들이다.

학교에 가면 각 학교마다 수업 시작하는 시간이 다르다. 그것 역시 학교에서 생활하는 사람들 간의 약속이다. 왜 우리 학교는 8시 55분에 시작하지 않고 9시에 시작하는지 따지는 일보다 시간을 지키는 일이 더 중요하다.

우리 주위를 둘러싸고 있는 무수히 많은 이러한 약속에는 두 가지 중요한 원칙이 따른다. 하나는 약속을 알아야 한다는 것이고, 또 다른 하나는 그 약속을 지켜야 한다는 것이다.

예를 들어 《정글북》이라는 소설에 나오는 소년 모글리가 서울에 왔다고 생각해 보자. 밀림에서 자란 그는 우리 사회의 약속들을 모르기 때문에 길거리에서도 신호등을 무시하고 마구 달리다가 교통사고를 당하기 쉽다. 이처럼 약속이란 모르면 쓸모가 없는 것이다. 또 그 약속을 안다고 해도 지키지 않는다면 아무 소용이 없다. 초록색 불이 켜져 있을 때만 사람이 건널 수 있다는 약속을 알면서도 아무 때나 뛰어 건너다가 다치면 보상도 못 받는다. 약속은 알아야 하고 지켜야 한다.

수학은 약속에서 출발하는 학문이며, 그 약속을 **정의**라고 부른다. 수학에 관심이 있는 사람은 무엇보다도 이 정의를 확실히 알고, 정의대로 따라야 한다. 경우에 따라서는 수학에서의 정의가 우리가 상식적으로 아는 것과 약간 다를 수도 있다. 하지만 정의는 수학으로 들어가는 첫걸음이므로 혼동 없이 사용할 수 있도록 잘 기억해야 한다.

수학의 출발점은 정의

우리가 살고 있는 이 세계는 참으로 오묘하다. 태양은 매일 동쪽
에서 떠서 서쪽으로 지며, 달은 한 달을 주기로 모양이 바뀐다. 별
은 밤에만 빛나고 그 밝기가 다양하다. 또 봄이 오면 꽁꽁 언 땅에
서 파릇한 새싹이 솟아나고, 나뭇잎의 색깔이 점점 짙어지다가 서
서히 여러 가지 색으로 단풍이 드는가 싶으면 하나둘 잎이 떨어진
다. 그러면 곧 찬바람이 불고 눈도 오지만 다시 또 봄이 찾아온다.

눈으로 보고 느낄 수 있는 이런 현상들은 참으로 흥미롭고 신기
해서 우리들은 '왜 그럴까?' 하는 의문을 갖게 된다. 이러한 궁금증
을 해결하고자 하는 노력에서 출발하는 것이 과학이다. 왜 화산은
불을 내뿜을까? 왜 비 온 뒤에는 무지개가 뜰까? 조개는 어떻게 진
주를 만들어 내는 걸까? 이런 질문에 답을 찾아 가는 과정이 바로
과학이다. 그에 비해 수학은 왜 그렇게 되었는가 하는 이유를 캐는
데서 출발하는 것이 아니라 먼저 어떤 사항을 정의하고 논리적으로
옳다고 인정된 것들만을 사용해 이야기를 전개해 나간다. 다시 말
해 눈에 보이느냐 안 보이느냐에 관계없이 이론적으로 옳은 사항만
을 얻어 나가는 과정이다.

따라서 수학에서는 이미 알려진 사실에는 잘못이 있을 수 없다.
이미 완벽하게 이론적인 검증을 거쳐 옳다고 인정받은 것들이기 때
문이다.

그러나 과학에서는 오류가 발견될 수도 있고 불확실한 것들도 있
다. 그럼 과학이 잘못된 거냐고 펄쩍 뛰는 사람도 있겠지만, 갈릴레

이를 생각해 보면 이해가 쉬울 것이다. 그가 살던 시대에는 지구가 고정되어 있고 태양이 하루에 한 번씩 지구 주위를 돈다는 것이 옳은 믿음이었다. 그렇기 때문에 갈릴레이는 객관적인 증거를 가지고 지구가 돈다고 주장했음에도 이단자로 몰려 죽을 뻔했던 것이다. 결국 갈릴레이는 목숨을 부지하기 위해 진실을 부인했지만, 현재의 우리에게 지구가 둥글고 태양 주위를 돌고 있다는 사실은 기초 상식이다.

또 최초의 인류는 어떻게 생겨났을까 하는 궁금증은 두 가지 학설로 정리되었는데, 창조설과 진화설이 바로 그것이다. 천지를 주관하는 신이 인간을 지금의 모습대로 만들었다는 창조설과, 하등 동물에서 점점 진화하여 오늘날의 인간이 되었다는 진화설은 어느 쪽이 맞다고 결론이 나지 않은 채 각각 설로 남아 있다(특히 기독교 세력이 강한 나라에서는 두 주장이 너무 팽팽하여 학교에서 둘 다 가르치고 있다). 어느 쪽이 진실인지, 이후 또 어떤 학설이 나와 이 두 학설을 뒤집고 우위를 차지할지는 아무도 짐작할 수 없다.

이처럼 과학은 현재의 믿음이 미래에 다른 것으로 바뀔 수도 있다(모두 그렇다는 말은 아니다. 간혹 불확실한 것도 있다는 뜻이다). 그러나 수학은 시대에 관계없이 항상 옳으며, 이런 수학의 출발점이 바로 '정의'다.

유클리드의 정의와 공준

수학에서 가장 중요한 정의의 개념을 명확히 세운 사람은 그리스의 수학자 유클리드(Euclid ; B. C. 300년대)다.

유클리드는 주로 분석적인 방법을 사용하여 현재 우리가 알고 있는 대부분의 기하학을 완성한 사람이다. 어떤 평면도형이나 입체도형도 분석해 들어가면 '점'에 도달하는데, 그가 바로 이 '점'에서부터 출발한 것이다.

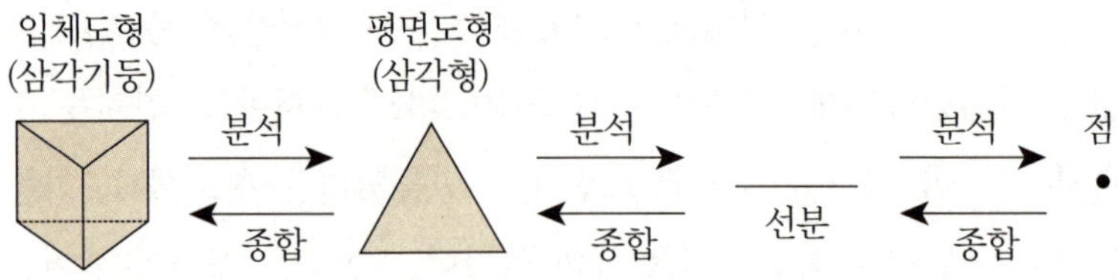

이 '점'에서 시작된 그의 독특한 기하학은 《원론》이라는 책으로 정리되었다. 이 책은 2000여 년이 지난 지금도 기하학의 교과서로

사용되고 있으며, 《성경》 다음으로 많이 출판되었다고 한다. 《원론》의 첫 권은 다음과 같은 스물세 개의 정의로 시작한다.

1. 점은 부분이 없는 것이다.
2. 선은 폭이 없는 것이다.
3. 선의 끝은 점이다.
⋮

유클리드는 도형의 가장 기초가 되는 점과 선까지도 분명한 말로 뜻을 정함으로써 논란의 여지를 없앴다. 그리고 군더더기를 빼고 꼭 필요한 말만 써서 용어를 정의하였다. 예를 들어 직사각형에 관해서는 '마주보는 변의 길이가 같고 네 각이 직각이고……'처럼 여러 성질을 늘어놓지 않고, 단지 '사각형 중에서 네 각이 직각이고 등변이 아닌 것'으로 정의한다. 네 각이 같으면 자연히 두 쌍의 대변의 길이가 같아지므로 정의에서 변에 대해 언급할 필요가 없다('등변이 아닌 것'은 유클리드가 정사각형과 직사각형을 따로 취급했기 때문에 덧붙인 표현으로, 현재 우리는 정사각형도 직사각형의 일종으로 생각하므로 그냥 '네 각이 직각인 사각형'이라고 하면 된다).

게다가 유클리드는 직선을 긋거나 원을 그리는 것 같은 기본적인 사항까지도 다음과 같이 '공준(公準: 기본적으로 요구되거나 전제되는 사실)'으로 정리한다.

"모든 점 P와 P가 아닌 모든 점 Q가 있을 때 P와 Q를 통과하는 단 하나의 직선을 그을 수 있다.”

"모든 점 O와 O와 같지 않은 점 A가 있을 때 중심이 O이고 반지름이 OA인 원이 존재한다.”

아주 당연해 보이는 문장들이지만, 유클리드는 이 정도까지 일일이 약속하고 정의함으로써 논리적으로 한 치의 오차도 허용하지 않는 엄밀함을 보였다. 오늘날까지도 그가 여전히 영향력을 발휘하는 것은 이 때문이다.

집합의 정의

중학교 1학년이 되어 처음 수학 책을 받아들고 초등학교 때 배운 수학과 어떻게 다를까 하는 호기심으로 책장을 넘기던 일이 누구나 한 번쯤 있었을 것이다.

중학교 수학 책의 맨 첫 단원은 바로 ‘집합’이다. 고등학교 1학년 수학 책도 마찬가지인데, 이는 집합론이 현대 수학의 기초를 이루고 있기 때문이다. 그래서 떨리는 마음으로 받아든 첫 수학 시험지의 1번은 항상 집합에 관련된 문제이고, 그것은 어느 학교, 어느 참고서나 예외 없이 다음과 같은 유형이다.

다음 중에서 집합인 것은?
① 예쁜 여학생의 모임
② 빨간 사과의 모임

③ 대한민국 국민의 모임

④ 키가 큰 남자의 모임

정답은 ③이다. '예쁜', '빨간', '키가 큰' 등은 주관적인 개념이어서 사람마다 달리 생각하기 때문에 대상을 정확히 파악할 수 없다. 따라서 집합이 될 수 없다.

수학에서의 **집합**이란 그저 모아 놓은 것이 아니라 '대상이 분명한 것들의 모임'이다. 즉, 집합은 누가 판단해도 똑같은 판정을 내리는 것들만 모은 것이다. 예를 들면 자연수의 모임, 서울 시민의 모임, 검정 볼펜의 모임, 고등학생의 모임, 수학 책의 모임 등이 집합이며, 날씬한 여자의 모임, 잘생긴 남자의 모임, 수학을 잘하는 사람들의 모임, 잘 익은 포도의 모임 등은 집합이 아니다.

2 무한의 신비

일대일 대응

아주 옛날, 수를 셀 줄 모르던 시대에 어떤 사물의 개수를 알기 위해 사람들이 사용하던 방법에 관한 이야기는 잘 알려져 있다.

부하를 수십 명 거느린 족장은 부하가 몇 명인지 알 수는 없지만, 다 모였는지 아닌지는 판단할 수 있다. 우선 부하들에게 돌멩이를 하나씩 나누어주고 다시 걷어서 잘 간직해 둔다. 후에 부하들이 모였을 때 이 돌멩이를 한 사람에 하나씩 나누어주면 된다. 돌멩이가 남으면 그만큼 부하가 오지 않은 것이고, 돌멩이가 모자라면 누군가 다른 사람이 끼어든 것이다.

이런 방법은 오늘날 산수 교육에도 쓰인다. 취학 전 어린이들이 보는 책에는 흔히 다음과 같은 그림과 함께 “어느 쪽이 더 많은가?” 라는 질문이 있다.

우리는 수를 셀 줄 알기 때문에 사과는 다섯 개, 개는 네 마리, 그러므로 사과가 한 개 많다고 답하겠지만, 아직 수를 셀 줄 모르는

아이들은 어떤 방법으로 문제를 해결할까? 그것은 바로 짝짓기다. 사과와 개를 차례로 짝지어 가다 보면 사과가 남는다. 그러므로 사과가 더 많음을 알 수 있다.

이러한 짝짓기는 때론 우리에게도 매우 편리하다. 예를 들어 운동장에서 두 반이 줄다리기를 한다고 치자. 줄다리기는 양쪽이 같은 수로 해야 한다. 그런데 일일이 수를 세어서 맞추기가 번거로울 때는 양편을 각각 한 줄로 세워 맨 앞에서부터 손잡고 앉게 하면 된다. 짝이 없는 사람만 빠져나가고 줄다리기를 하면 선수가 몇 명이든 공정한 게임이 된다.

이런 이야기도 있다. 옛날 어느 나라의 임금님이 자기의 동산에 있는 나무가 몇 그루인지 알고 싶었다. 그런데 하나씩 세어 나가자니 자꾸 헷갈리고 잊어버려서 마침내는 방을 붙이기로 했다. 나무의 수를 정확히 세는 사람에게 큰 상을 내리겠노라고. 욕심을 내서 도전한 사람들이 열심히 세어 봤지만 모두 실패했다. 이때 한 젊은이가 긴 새끼줄을 가지고 나타났다. 그는 새끼줄을 각각 적당한 길이로 잘라 개수를 센 다음, 그것들로 나무를 하나씩 묶어 나갔다. 모든 나무에 새끼줄을 다 묶었을 때 젊은이는 미리 세어 둔 개수에

서 남은 새끼줄의 수를 빼어 임금님께 고했다. 물론 젊은이는 영특하다고 큰 상을 받았다.

이처럼 어떤 사물 하나에 다른 사물 하나를 짝짓는 것을 **일대일 대응**이라고 하며, 두 집합이 있을 때 한 집합의 모든 원소에 다른 집합의 모든 원소가 꼭 하나씩 대응하면 두 집합은 '일대일 대응을 이룬다'라고 한다. 만약 두 집합이 일대일 대응을 이룬다면, 이 두 집합은 같은 수의 원소를 갖고 있는 것이다.

유한집합에서는 이것이 아주 당연한 일이다. 이제 같은 이야기를 무한집합에 확대해 봄으로써 놀라운 수학의 신비에 접근해 보자.

두 유한집합이 일대일 대응을 이루면 이 두 집합의 원소의 수는 같다. 무한집합까지 아울러 이야기할 때는 원소의 수라는 말이 좀 어색하므로, '계수(計數)'나 '농도(濃度)'라는 표현을 쓴다. 다시 말해 두 무한집합이 일대일 대응을 이루면 이 두 집합의 계수는 같다.

무한집합의 특성을 파악하기 전에 먼저 유한집합을 살펴보자. A = {a, b, c}이고 B = {1, 2, 3}이라 하면, 두 집합은 계수가 같고 이 두 집합의 원소들을 어떤 방법으로 짝지어도 모두 일대일 대응을 이룬다.

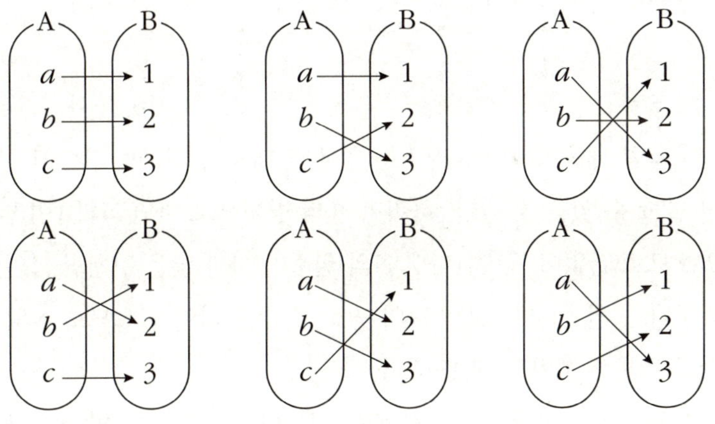

또 C = {α, β, γ}라 하면 집합 C의 부분집합은 ϕ, {α}, {β}, {γ}, {α, β}, {β, γ}, {γ, α}, {α, β, γ}로 8개이고, 이 중 진부분집합은 {α, β, γ}를 뺀 7개이다. 이들 진부분집합 중 그 어느 것도 원래의 집합 C와 계수가 같지 않다.

그러나 무한집합은 이와 다르다. 우리에게 가장 친숙한 무한집합인 자연수의 집합 {1, 2, 3, 4, 5,…}를 생각해 보자. 이 자연수의 집합(N)과 이것의 진부분집합인 짝수의 집합(E)을 짝짓는 방법은 여러 가지다. 그 중 몇 가지만 예를 들어 보자.

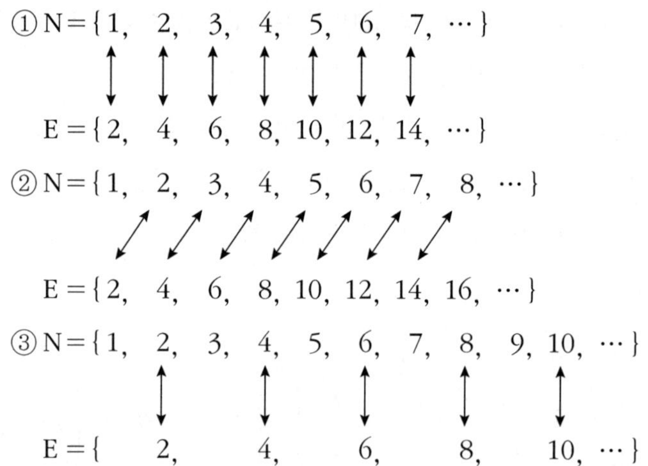

①처럼 대응시키면 N과 E는 일대일 대응이 되므로 계수가 같다고 말할 수 있을 것 같다. 하지만 ②의 방법으로 하면 N의 1이 남아 있으므로 끝없이 계속한다면 N의 원소가 하나 많은 것처럼 보인다. 더구나 ③의 대응을 보면 N의 원소가 반은 짝이 없으므로 N의 계수가 E의 두 배가 될 것도 같다.

이처럼 무한집합은 어떻게 짝을 짓느냐에 따라 서로의 계수가 달라 보이므로(유한집합에서는 어떤 방식으로 짝을 짓든 항상 일대일 대응을 이뤘음을 상기하자), 무한집합이 일대일 대응을 이룬다는 것은 '언제나 그렇게 된다'는 뜻이 아니고 '그렇게 되는 경우가 있다'로 해석해야 한다.

다시 말하면 자연수의 집합과 짝수의 집합은 다음과 같은 방법으로 일대일 대응이 가능하기 때문에 계수가 같다.

$$N = \{1, \quad 2, \quad 3, \quad 4, \quad 5, \quad 6, \cdots, \quad n, \cdots\}$$
$$\updownarrow \quad \updownarrow \quad \updownarrow \quad \updownarrow \quad \updownarrow \quad \updownarrow \qquad \updownarrow$$
$$E = \{2, \quad 4, \quad 6, \quad 8, \quad 10, \quad 12, \cdots, \quad 2n, \cdots\}$$

이는 홀수의 집합과도 마찬가지다.

$$N = \{1, \quad 2, \quad 3, \quad 4, \quad 5, \quad 6, \cdots, \quad n, \cdots\}$$
$$\updownarrow \quad \updownarrow \quad \updownarrow \quad \updownarrow \quad \updownarrow \quad \updownarrow \qquad \updownarrow$$
$$E = \{1, \quad 3, \quad 5, \quad 7, \quad 9, \quad 11, \cdots, \quad 2n-1, \cdots\}$$

이제 우리는 중요한 결론을 얻었다. 무한집합인 자연수의 집합은 자기 자신의 진부분집합인 짝수의 집합이나 홀수의 집합과 계수가 같다는 사실이다. 우리는 상식적으로 '부분은 전체보다 작다'라는 사실을 알고 있다. 그러나 무한집합에 오자 이 상식이 깨지고 말았다. 무한집합에서는 부분이 전체와 같다.

이런 놀라운 사실을 맨 처음 알아낸 사람은 갈릴레오 갈릴레이 (Galileo Galilei ; 1564~1642)였다. 그는 자연수와 자연수의 진부분집 합인 제곱수 사이에 일대일 대응 관계가 이루어짐을 알아냈다.

$$N = \{1,\ 2,\ 3,\ 4,\ 5,\ 6,\ \cdots,\ n,\ \cdots\}$$
$$\updownarrow\ \updownarrow\ \updownarrow\ \updownarrow\ \updownarrow\ \updownarrow\ \updownarrow$$
$$M = \{1,\ 4,\ 9,\ 16,\ 25,\ 36,\ \cdots,\ n^2,\ \cdots\}$$

그러나 갈릴레이는 단지 그러한 성질이 있음을 말한 데 그쳤고, 뒤에 우리가 만날 수학자 칸토어가 이 성질을 무한의 기본으로 삼 아 논리를 전개해 나갔다. 그런가 하면 독일의 수학자 데데킨트 (Dedekind)는 이와 같은 성질을 이용하여 무한집합을 '자기 자신의 진부분집합과 일대일 대응을 이루는 집합'이라고 정의하였다.

셀 수 있는 무한집합

우리는 무한집합이 '자기 자신의 진부분집합과 일대일 대응을 이루는 집합'이고, 자연수의 집합과 짝수의 집합 및 홀수의 집합이 계수가 같다는 사실을 알았다.

이제 수의 범위를 더 넓혀 보자. 자연수를 포함한 정수의 집합은 과연 자연수의 집합과 계수가 같을까, 아니면 더 클까?

무한집합에서는 일대일 대응이 되면 계수가 같다고 했다. 자연수의 집합과 일대일 대응을 이룬다는 것은 결국 그 집합의 원소에 1, 2, 3, 4, …와 같이 번호를 붙일 수 있다는 말과 같다. 이렇게 무한집합 중에서 자연수의 집합과 일대일 대응 관계를 이루는 집합을 **가부번집합**(可附番集合: 차례로 번호를 붙여 나갈 수 있는 집합)이라고 부른다. 그러므로 짝수의 집합과 홀수의 집합은 가부번집합이다(물론 유한집합도 (한정된) 번호를 붙일 수 있다. 이처럼 차례로 번호를 붙여 나갈 수 있는 집합, 다시 말해 셀 수 있는 원소를 가진 집합이라는 뜻에서 유한집합과 가부번집합을 묶어 가산집합(可算集合)이라고 부른다).

그러면 정수의 집합은 가부번집합인가? 정수의 집합에 속하는 모든 원소에 번호를 붙이는 방법을 찾아내기만 하면 그렇다.

아, 있다! 이런 방법이.

$$I = \{ \cdots, \ -4, \ -3, \ -2, \ -1, \ 0, \ 1, \ 2, \ 3, \ 4, \ \cdots \}$$
$$\cdots \quad ⑨ \quad ⑦ \quad ⑤ \quad ③ \quad ① \quad ② \quad ④ \quad ⑥ \quad ⑧ \quad \cdots$$

다시 말하면 0, 1, -1, 2, -2, 3, -3, …와 같이 줄을 세워 차례로 번호를 붙여 나가면 된다.

물론 이 방법만 있는 것은 아니다. 어떤 사람은 이렇게 할 수도 있을 것이다.

$$I = \{ 0, \ 1, \ 2, \ 3, \ -1, \ -2, \ -3, \ 4, \ 5, \ 6, \ -4, \ -5,$$
$$-6, \ \cdots \}$$

방법은 얼마든지 있다. 중요한 것은 그 방법을 하나라도 찾아낼 수 있으면 정수의 집합이 가부번집합임을 자신 있게 말할 수 있다는 점이다.

이제 유리수의 집합에 도전해 보자. 유리수는 분모, 분자가 정수인 분수(분모는 0이 아니다)의 모양으로 나타낼 수 있는 수를 말한다.

이 유리수에 번호를 붙일 수 있을까? 방법을 찾아냈다면 그대는 수학에 상당히 재능이 있는 사람이다. 쉽게 떠오르지 않는, 아주 절묘한 방법이기 때문이다.

우선 유리수를 분모가 같은 것끼리 나란히 늘어놓자.

$$\frac{1}{1} \quad \frac{2}{1} \quad \frac{3}{1} \quad \frac{4}{1} \quad \frac{5}{1} \quad \frac{6}{1} \quad \frac{7}{1} \cdots$$

$$\frac{1}{2} \quad \frac{2}{2} \quad \frac{3}{2} \quad \frac{4}{2} \quad \frac{5}{2} \cdots$$

$$\frac{1}{3} \quad \frac{2}{3} \quad \frac{3}{3} \quad \frac{4}{3} \cdots$$

옆으로 번호를 붙여 나가면 둘째 줄에는 번호를 붙일 수가 없다. 그렇다면 지그재그로 가는 것은 어떤가?

$$\frac{1}{1} \rightarrow \frac{2}{1} \quad \frac{3}{1} \rightarrow \frac{4}{1} \quad \frac{5}{1} \quad \frac{6}{1} \cdots$$

$$\frac{1}{2} \quad \frac{2}{2} \quad \frac{3}{2} \quad \frac{4}{2} \cdots$$

$$\frac{1}{3} \quad \frac{2}{3} \quad \frac{3}{3} \quad \frac{4}{3} \cdots$$

$$\frac{1}{4} \quad \frac{2}{4} \quad \frac{3}{4} \cdots$$

$$\vdots$$

이렇게 가다 보면 $\frac{1}{1} = \frac{2}{2} = \frac{3}{3}$ 이나 $\frac{1}{2} = \frac{2}{4} = \frac{3}{6}$ 처럼 결국은 같은 숫자들이 나오는데 그런 것은 건너뛰면서 번호를 붙여 나가면 된다. 중요한 것은 빠짐없이 번호를 붙일 수 있다는 사실이니까.

또 이런 방법도 가능하다.

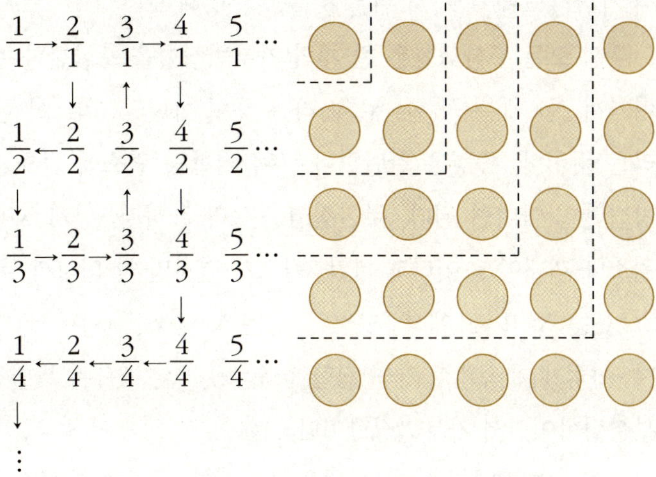

결국 유리수의 집합도 자연수의 집합과 일대일 대응을 이루는 가부번집합이라는 사실이 확인되었다.

상식적으로 생각하기엔 엄청나게 더 많을 것 같은 유리수가 자연

수와 같은 계수를 가진다는, 이 놀랍고 신기한 사실을 알아낸 충격이 가라앉도록 몇 가지 쉬운 것들을 증명해 보자.

우선 **모든 무한집합은 한 개의 가부번집합을 포함한다**는 점이다. 여기서 '한 개'는 꼭 한 개뿐이라는 뜻이 아니라 '최소한 한 개는'이라는 뜻이다. 증명은 간단하다. 무한집합의 원소에 번호를 붙이는 방법만 찾아내면 된다. 무한집합을 X라고 하자. 먼저 X에서 아무 원소나 꺼내어 x_1이라고 하자. 원소가 겹치면 안 되니까 두 번째 원소 x_2는 $X - \{ x_1 \}$에서 꺼낸다. x_3는 $X - \{ x_1, \ x_2 \}$에서 꺼내면 된다. 이렇게 계속해 나가면 집합 $\{ x_1, \ x_2, \ x_3, \ \cdots \}$는 무한집합 X의 부분집합이면서 가부번집합이다.

자연수의 집합과 일대일 대응을 이루는 것이 가부번집합이고 모든 무한집합이 한 개의 가부번집합을 포함한다면, 무한집합인 자연수의 집합은 무한집합 중에서 가장 작은 집합이 된다(자연수, 정수, 유리수의 집합이 모두 계수가 같다고 했는데 이 집합들이 무한집합 중에서 가장 작다면, 더 큰 계수를 가진 집합이 있다는 뜻인가? 있다면 그것은 실수일까? 그 의문은 다음에 해결하자).

두 번째로 증명할 것은 **한 개의 가부번집합에 유한 개의 원소를 덧붙여도 그것은 가부번집합**이라는 정리다. 이것은 매우 쉽다. 예를 들어 가부번집합을 $\{ a_1, \ a_2, \ a_3, \ \cdots \}$라 하고, 유한집합을 $\{ b_1, \ b_2, \ b_3, \ \cdots, \ b_n \}$이라 하자. 이 두 집합의 합집합을 아래와 같은 순서로 늘어놓고 앞에서부터 차례로 번호를 붙이면 된다.

$$b_1, \quad b_2, \quad b_3, \quad \cdots, \quad b_n, \quad a_1, \quad a_2, \quad a_3, \quad \cdots$$
$$1 \qquad 2 \qquad 3 \quad \cdots, \quad n \qquad n+1 \quad n+2 \quad n+3 \quad \cdots$$

또 이런 정리도 있다. **두 가부번집합의 합집합은 가부번집합이다.** 이것의 증명도 간단하다. 두 집합을 각각 $\{a_1, a_2, a_3, \cdots\}$ $\{b_1, b_2, b_3, \cdots\}$라 하면,

$$a_1, \ a_2, \ a_3, \ a_4, \ \cdots$$
$$\downarrow \nearrow \downarrow \nearrow \downarrow \nearrow \downarrow \nearrow$$
$$b_1, \ b_2, \ b_3, \ b_4, \ \cdots$$

의 방법으로 번호를 붙이면 된다. 이 외에도 방법은 무수히 많다.

이제 좀더 많은 집합을 생각해 보자. 가부번집합을 유한 개 모은 결과는 머릿속에 쉽게 그려질 것이다. 그러면 가부번집합을 무한 개 모으면?

$$a_{11} \quad a_{12} \quad a_{13} \quad a_{14} \quad a_{15} \cdots$$

$$a_{21} \quad a_{22} \quad a_{23} \quad a_{24} \quad a_{25} \cdots$$

$$a_{31} \quad a_{32} \quad a_{33} \quad a_{34} \quad a_{35} \cdots$$

$$a_{41} \quad a_{42} \quad a_{43} \quad a_{44} \quad a_{45} \cdots$$

$$\vdots$$

이렇게 끝없이 늘어서 있는 것을 보아도 이제는 별로 겁나지 않을 것이다. 마치 앞에서 유리수를 다룰 때와 같은 모양이므로 마찬가지 방법으로 번호를 붙여 나가면 되니까(물론 같은 원소는 빼면서).

$$a_{11} \rightarrow a_{12} \quad a_{13} \rightarrow a_{14} \quad a_{15} \cdots$$
$$\downarrow \qquad \uparrow \qquad \downarrow$$
$$a_{21} \leftarrow a_{22} \quad a_{23} \quad a_{24} \quad a_{25} \cdots$$
$$\downarrow \qquad \uparrow \qquad \downarrow$$
$$a_{31} \rightarrow a_{32} \rightarrow a_{33} \quad a_{34} \quad a_{35} \cdots$$
$$\downarrow$$
$$a_{41} \leftarrow a_{42} \leftarrow a_{43} \leftarrow a_{44} \quad a_{45} \cdots$$
$$\downarrow$$
$$\vdots$$

무한 개의 원소를 가진 집합을 무한 개 늘어놓아도 결국은 한 개의 무한집합(가부번집합)과 계수가 같다는 것은 정말 놀라운 일이다. 그런데 그것보다도 더 많은 원소를 가진 집합이 존재한다면?

⚁ 셀 수 없는 무한집합

셀 수 있는 무한집합은 자연수의 집합, 정수의 집합, 유리수의 집합 등이며 이들의 계수가 모두 같다는 것을 알았다. 이제는 그것들보다 훨씬 계수가 큰, 셀 수 없는 무한집합에 대해 알아볼 차례다. 앞에서보다 훨씬 놀라울 테니 심호흡을 한번 하기 바란다. 자연수의 집합을 무한 개 합한 것보다 더 큰 집합은 과연 어떤 모양을 하고 있을까?

선분과 직선 속의 실수의 개수는 모두 같다

아마 위 제목을 읽으면서 어리둥절한 사람이 많을 것이다. 1cm나 2cm짜리 선분, 혹은 1m짜리 선분이나 1km짜리 선분이나 그 안에 든 실수의 개수가 모두 같다는 말이다. 더구나 이것이 양끝이 끝없이 뻗어 나간 직선 위의 실수의 개수와도 같다니, 도저히 믿을 수 없는 사실 같지만 차근히 생각해 보자.

우리가 들어와 있는 곳은 무한의 세계다. 자연수의 부분집합인 짝수의 집합이 자연수의 집합과 농도가 같았듯이, 부분이 전체와 같아질 수도 있는 것이 무한 세계의 특징이다. 이제는 믿을 수 있겠다는 생각이 드는가? 좀더 확신을 갖기 위해 증명을 해 보자(증명이라고 해서 겁낼 필요는 없다. 어떤 증명은 재미있을 수도 있으니까).

먼저 길이가 다른 두 선분에 있는 실수의 개수가 같음을 두 가지 방법으로 증명해 보자.

① 선분 AB와 선분 CD가 있다. 오른쪽 그림처럼 A, C를 이은 선과 B, D를 이은 선이 만나는 점을 O라 정하자. 이때 선분 AB 위에서 어떤 점(P)을 잡아도 CD 위에 대응하는 점(P′)을 찾을 수 있고, 거꾸로 CD 위의 어떤 점(Q′)에 대해서도 AB 위의 대응점(Q)을 찾을 수 있다. 즉, 두 선분 위의 모든 점이 일대일 대응을 이룬다.

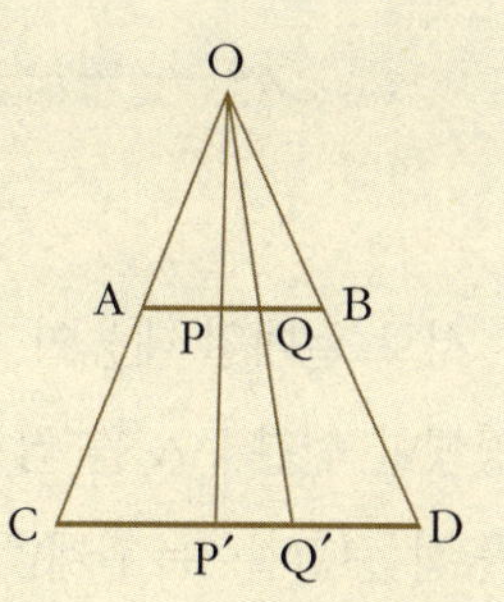

② 개구간 (0, 1)과 (−1, 1)에 있는 실수의 개수가 같음을 증명해 보자. 일대일 대응이 되는 함수를 하나 찾을 수 있으면 된다. $f(x) =$

$2x-1$로 놓으면 어떤가? y축 위의 구간 $(-1, 1)$에서 한 점(A)을 잡으면 그림에서와 같이 x축 위의 구간 $(0, 1)$에 대응하는 점(A′)을 찾을 수 있고, 거꾸로 x축 위의 구간 $(0, 1)$에서도 한 점(B)을 잡으면 그림에서와 같이 y축 위의 구간 $(-1, 1)$에 대응하는 점(B′)을 찾을 수 있다. 즉, 함수 $f(x)$는 주어진 구간에서 일대일 대응을 이루므로 두 구간 $(0, 1)$과 $(-1, 1)$에 있는 실수의 개수는 같다.

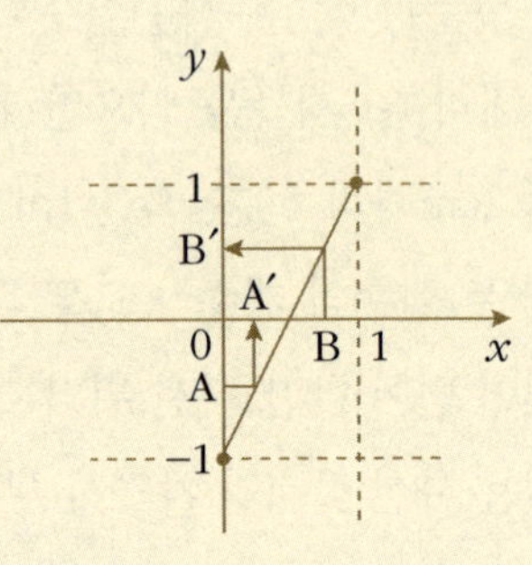

이제는 선분과 직선 위에 있는 실수의 개수에 대해 얘기해 보자. 여기에서도 두 가지 방법을 사용할 수 있다.

첫째, 선분을 AB, 직선을 XY라 하고 아래 그림처럼 놓는다.

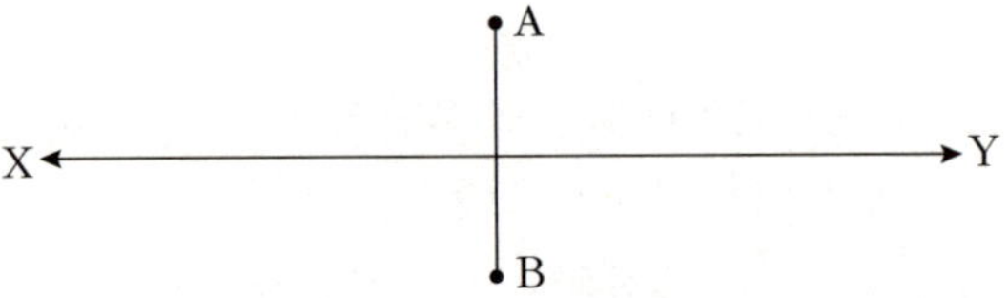

서로 일대일 대응이 됨을 보이기 위하여 우선 A에서 직선 XY에 평행한 선분 AA′를 잡는다. 또 B에서도 직선에 평행한 선분 BB′를 잡는다(길이는 관계없다).

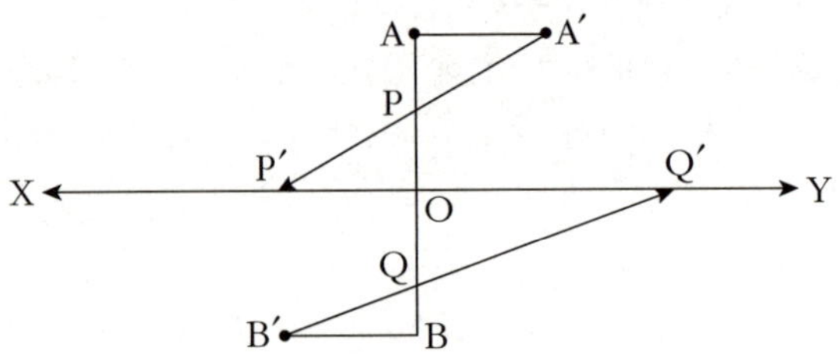

　　선분 OA 위에서 한 점 P를 잡으면 A′P를 연결한 점 P′가 대응되고(O를 중심으로 왼쪽 부분에), OB 위에서 한 점 Q를 잡으면 B′Q를 연결한 점 Q′가 XY 위에 대응된다(O를 중심으로 오른쪽 부분에). 물론 반대의 경우도 성립한다. 결국 선분 AB 위에 있는 점들은 직선 XY 위에 있는 점들과 일대일 대응을 이룬다.

　　둘째, 앞에서와 마찬가지로 개구간 $(-1, 1)$과 실수 전체의 집합에서 일대일 대응을 이루는 함수를 하나 찾아내자. $g(x) = tan(\frac{\pi}{2}x)$는 어떤가(식이 어렵더라도 신경 쓰지 말자. 이 함수의 그래프가 아래 그림의 곡선이라는 사실만 알면 된다)? $y = g(x)$의 그래프를 그려 보면 다음과 같다. 이때 x축 위의 구간 $(-1, 1)$에서 한 점(A)을 잡으면 아래 그림과 같이 함수 $g(x)$의 그래프를 통해 y축 위의 한 점(A′)에 대응시킬 수 있다. 또 y축 위에서 한 점(B)을 잡으면 함수 $g(x)$의 그래프를 통해 x축 위의 구간 $(-1, 1)$위의 한 점(B′)으로 대응시킬 수 있다. 따라서 구간 $(-1, 1)$과 실수 전체는 일대일 대응을 이룬다.

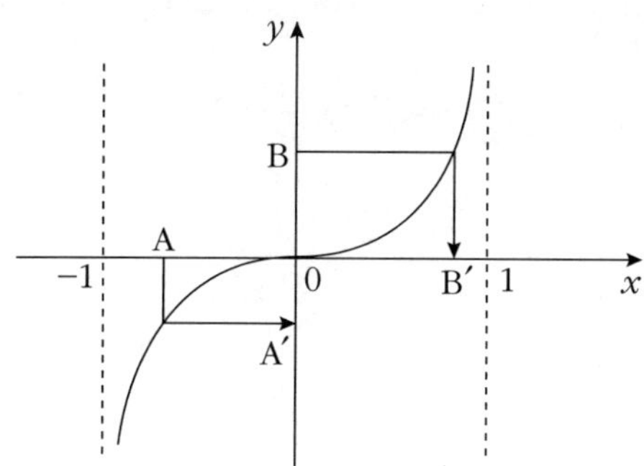

개구간 (0, 1) 위의 실수는 비가부번집합이다

무한집합이 자연수의 집합과 일대일 대응을 이루면, 다시 말해 그 집합의 모든 원소에 차례로 번호를 붙일 수 있으면 가부번집합이라고 했다. 그렇다면 비(非)가부번집합이란 원소에 번호를 붙일 수 없는 집합을 뜻할 것이다. 그러므로 어떤 집합이 비가부번집합이라는 것을 보이려면 번호를 붙일 수 없는 한 원소만 찾아내면 된다. 앞에서 구간 (0, 1)과 실수가 일대일 대응을 이룬다는 사실을 증명했으니 구간 (0, 1) 위의 실수가 비가부번집합인 것을 보이면 실수 전체가 비가부번집합인 것을 증명하는 셈이다. 이 증명은 칸토어가 한 것으로 귀류법이 쓰이고 있다(귀류법에 대해 자세히 알고 싶으면 《수학은 아름다워 1》 220~221쪽을 참조하기 바람).

다시 앞의 이야기로 돌아가서, 먼저 집합 $A = \{ x \mid 0 < x < 1,\ x$는 실수$\}$가 가부번집합이라고 가정해 보자.

우선 집합 A의 모든 원소 x는 꼭 한 가지 형태의 무한소수로 표기할 수 있다. 예를 들면 $1/3 = 0.3333\cdots$, $\sqrt{2}/2 = 0.707106\cdots$, $1/4 = 0.24999\cdots$와 같은 방법으로($1/4 = 0.25$가 아님에 유념할 것. 1을 $0.999\cdots$로 나타낼 수 있는 것처럼, 여기서는 모든 수를 같은 모양의 무한소수로 나타낸 것이다).

만약 $x = 0.x_1 x_2 x_3 \cdots$, $y = 0.y_1 y_2 y_3 \cdots$(x_1, x_2, x_3, $\cdots$나 y_1, y_2, y_3, $\cdots$는 물론 0, 1, 2, $\cdots$, 9 중의 하나다)라 할 때, k번째의 숫자 x_k와 y_k가 같지 않다면 $x \neq y$가 된다.

집합 A가 가부번집합이라고 가정했으므로 A의 모든 원소에 번호를 붙일 수 있다. 그것을 다음처럼 표시해 보자.

$$f(1) = 0.a_{11} a_{12} a_{13} \cdots$$
$$f(2) = 0.a_{21} a_{22} a_{23} \cdots$$
$$f(3) = 0.a_{31} a_{32} a_{33} \cdots$$
$$\vdots$$
$$f(n) = 0.a_{n1} a_{n2} a_{n3} \cdots$$
$$\vdots$$

$$a_{jk} \in \{0,\ 1,\ 2,\ \cdots,\ 9\}$$

이제 우리는 이 모든 수와는 다른 수를 하나만 찾아내면 된다. 이런 방법은 어떤가?

찾는 수 Z의 소수점 아래 첫째 자리 수는 $f(1)$의 소수점 아래 첫째 자리 숫자 a_{11}과 다른 수를 고른다.

Z의 소수점 아래 둘째 자리 수는 $f(2)$의 소수점 아래 둘째 자리 숫자 a_{22}와 다른 수를 고른다. 계속 이런 식으로 하여 Z의 소수점

아래 n번째 자리 수를 $f(n)$의 소수점 아래 n번째 자리 숫자 a_{nn}과 다른 수를 고른다.

이런 방법으로 해 나가면 이미 번호가 붙은 그 어떤 수와도 같지 않은 새로운 숫자가 계속해서 생겨나므로 번호를 붙일 수가 없다.

이는 모든 원소에 번호를 붙일 수 있는 가부번집합이라는 사실과 모순된다. 가정이 잘못되었으므로 집합 A는 가부번집합이 아니라 비가부번집합이다.

이로써 실수의 집합은 자연수의 집합보다 원소가 많은 집합임이 밝혀졌다. 칸토어는 이것을 증명하기 위해 대각선 방향의 숫자를 사용했다. 그래서 이 방법을 '대각선 방법〔Cantor's Diagonal Method〕'이라 부른다.

무리수의 집합은 비가부번집합이다

앞에서 우리는 유리수의 집합(Q)은 가부번집합이고, 실수의 집합(R)은 비가부번집합임을 알았다. 그러면 실수에서 유리수를 제외한 무리수의 집합은 어느 쪽일까?

만약 무리수의 집합(R−Q)이 가부번집합이라고 가정한다면 어떤 결과가 나올까? 앞에서 가부번집합끼리의 합집합은 항상 가부번집합이라는 정리를 증명했었다. 이 정리에 따르면 가부번집합인 R−Q와 역시 가부번집합인 Q의 합집합인 실수의 집합 R은 가부번집합이 된다. 이것은 방금 얻은 결과에 모순된다. 그러므로 무리수의 집합은 비가부번집합이다. 다시 말하면 무리수의 개수가 유리수의 개수보다 훨씬 많다.

　그 옛날, 유리수만이 수라고 믿었던 시대에 자기를 찾아낸 피타고라스에게서조차 버려진 불쌍한(?) 무리수는 이제 당당히 한 자리를 차지하게 되었다.

큰 수

　원소의 개수가 제한되어 있는 유한집합은 원소의 수를 셀 수 있다. 그러나 원소의 수가 무수히 많은 무한집합은 그 수를 어떻게 셀까? 아르키메데스는 《모래의 계산자》라는 책에서 10^{63}에 대해 언급

했다고 하고, 인도에서는 갠지스 강의 모래알 개수를 '항하사'라는
말로 표현했다지만 그 수들은 무한히 큰 수가 아니다.

그러면 끝없이 계속되는 자연수의 개수는 얼마라고 해야 하나?
집합의 크기를 나타내는 용어로 계수라는 단어를 사용했음을 다시
한 번 떠올려 보자. {1, 2, 3}이라는 집합의 계수는 3이고, 자연수
의 집합과 유리수의 집합은 계수가 같았으며, 실수의 집합은 자연
수의 집합보다 계수가 컸다.

그 계수들 사이의 관계를 알아보자.

자연수 집합의 계수 알레프 널

무수히 많은 원소를 가진 자연수 집합의 계수는 $\aleph_0$로 표기하고
'알레프 널(aleph-null)' 혹은 '알레프 제로(aleph-zero)'라고 부른
다. '$\aleph$'는 히브리 어 알파벳의 첫 글자라고 한다. 아래쪽에 작게 붙
인 0(zero)은 가부번집합이 무한집합 중에서 가장 작은 집합임을
나타낸다. 이 기호를 처음 쓴 사람도 칸토어다.

인도 사람들이 처음으로 아무것도 없는 상태를 표시하는 숫자
'0'을 만든 사실도 놀랍지만, 끝없이 많은 수를 단 한 자로 표시하려
한 칸토어의 발상도 정말 놀랍지 않을 수 없다.

그에 따르면 자연수 집합의 계수도 $\aleph_0$, 정수 집합의 계수도 $\aleph_0$,
유리수 집합의 계수도 $\aleph_0$이다.

이 $\aleph_0$을 두 개 더하면 어떻게 될까?

$\aleph_0 + \aleph_0 = ?$

우리가 흔히 하는 식으로 쓰면 $2\aleph_0$이다. 그러나 지금 우리는 무

한의 세계에 있다는 것을 잊지 말자. 우리의 상식과 다른 일들이 많이 일어났음을.

잠시만 생각해 보면 답이 금방 나온다. 가부번집합은 몇 개를 합해도 가부번집합이었다는 사실을 떠올리면 $\aleph_0 + \aleph_0 = \aleph_0$임을 알 수 있다. 그렇다. $\aleph_0 + \aleph_0 + \aleph_0 = \aleph_0$이고, $\aleph_0 + \aleph_0 + \cdots + \aleph_0 = \aleph_0$이다.

이런 예를 들어 설명할 수도 있다. 짝수의 집합(E)의 계수가 $\aleph_0$이고 홀수의 집합(O)의 계수도 $\aleph_0$이며 $E \cup O = N$(자연수의 집합)이다. 이때 집합 E와 O는 서로 겹치는 부분이 하나도 없으므로 N의 계수는 E의 계수와 O의 계수를 더한 것과 같다. 즉, $\aleph_0 + \aleph_0 = \aleph_0$이다.

집합론에서는 이처럼 언뜻 보기에 이해되지 않는 일들이 많이 일어난다.

실수 집합의 계수 c

칸토어는 자연수 집합의 계수를 $\aleph_0$이라 이름 지었듯이 실수 집합의 계수에도 c라는 이름을 붙였다. 그러면 분명히 $\aleph_0 < c$이다.

그런데 $\aleph_0$과 c 사이에는 어떤 수가 존재할까? 다시 말해, $\aleph_0 < x < c$를 만족하는 x라는 수가 있을까?

1880년에 '연속성의 문제'라 불리는 이 문제를 제기한 칸토어는 그러한 수가 없으리라 생각했지만 증명해 내지는 못했다. 그 이후로도 많은 수학자가 이 문제를 해결하려고 애썼지만 명쾌한 해답을 얻지 못한 상태이다. 가장 최근에 나온 주목할 만한 성과는 1963년, 스탠포드 대학의 젊은 수학자 코헨(Cohen, 1934~)이 현 상태의 집합론의 공리들로는 증명할 수가 없다고 주장한 것이다. 현재는 없는 것으로 생각되지만 증명된 바는 없으므로 '$\aleph_0 < x < c$를 만족시키는 계수 x는 존재하지 않는다'는 것을 '연속성의 가설'이라고 부른다.

이 가설은 기하에서 유클리드의 평행선 공리(제5공준)처럼 확실히 증명된 바는 없지만 일반적으로 옳다고 인정되어 쓰이는, 아주 재미있는 내용이다. 유클리드의 제5공준을 옳다고 인정한 상태에서 유클리드 기하가 탄생했고, 그것을 옳지 않다고 부정했을 때 비유클리드 기하가 나온 것처럼(이 두 가지는 서로 상반되는 말이어서 둘 중 하나는 틀릴 것 같지만, 각각 논리적으로는 아무런 모순이 없기에 둘 다 정당성을 인정받고 있다. 이런 것이 논리적인 학문이라는 수학의 숨은 매력 아닐까?) 이 가설도 긍정하든 부정하든 각각 논리적으로 모순이 없는 정리를 얻을 수 있을 것이다.

무한이면 너무 많아서 도저히 셀 수가 없는, 끝도 없이 큰 것이라고 생각했는데 그 무한에도 크고 작은 구분이 있고, 얼마든지 더 큰 수를 계속 찾을 수 있다는 것은 정말 경이로운 일이다.

수학은 인간의 자유로운 사고력이 만들어낸 멋진 예술품이라는 생각이 들지 않는가?

우리는 지금까지 무한이라는 신비한 세계를 여행하였다. 우리가 상식적으로 아는 사실과 다른 점이 많아서 크게 혼란스럽고 잘 정리가 안 될지도 모른다. 어쩌면 뭔가 그럴 듯하지만 이건 말도 안 되는 소리라고 책을 덮어 버리는 사람이 있을지도 모르고.

하지만 상식이 꼭 옳은 것은 아니다. 코페르니쿠스나 갈릴레이가 처음으로 지동설을 주장했을 때 사람들은 자기가 밟고 있는 땅이 움직인다는 말을 전혀 믿으려 하지 않았다. 당시의 상식으로는 받아들일 수 없는 주장이었기 때문이다. 그러나 그 '상식'은 이제 역사 속으로 묻혀 버렸다.

사람들은 대개 자기가 알고 있는 것만을 지나치게 고집하여 새로운 정보를 받아들이려 하지 않는 완고함을 보이는데, 집합론의 창시자 칸토어(Georg Cantor, 1845~1918)는 사람들의 바로 그 닫힌 마음 때문에 불행한 삶을 살았던 대표적인 수학자다.

칸토어는 1845년 러시아의 상트 페테르부르크에서 유복한 유태계 상인을 아버지로, 같은 유태계 부인을 어머니로 하여 태어났다. 그의 아버지는 덴마크 출신이었는데 상트 페테르부르크로 옮겨와 살다가 칸토어가 열한 살 때 독일의 프랑크푸르트로 다시 이사했다. 이 때문에 나중에 칸토어가 유명해졌을 때 이들 몇 나라에서는 서로 그가 자기 나라 사람이라고 주장하기도

칸토어(1845~1918)

하였다.

칸토어는 자라면서 점점 더 수학에 재능을 보였다. 그러나 그의 아버지는 아들이 비현실적인 수학보다는 현실적이고 기술적인 직업을 갖기를 원했다. 이미 수학자가 되기로 굳게 결심하고 있던 칸토어는 어떻게 했을까? 그는 신앙심이 깊고 아버지를 사랑했기 때문에 아버지의 의견에 따르기로 했다. 수학자가 되겠다는 꿈은 포기하지 않되, 아버지가 자신의 수학적 재능을 알아보고 허락해 줄 때를 기다리기로 한 것이다. 결국 그는 수학에서 1등으로 김나지움을 졸업하여 대학에서 수학을 전공해도 좋다는 아버지의 허락을 받아 낼 수 있었다.

그러나 만약 아버지가 끝까지 허락하지 않았다면 어떻게 되었을까? 자신이 갈 길을 정하고도 아버지를 기쁘게 해 주기 위해 그 길을 보류한, 독립적이지 못한 성격 때문에 칸토어는 훗날 당시의 유명한 수학자들의 공격을 잘 견뎌 내지 못했다.

어쨌든 칸토어는 부친의 허락을 얻어 취리히 대학에서 본격적으로 수학을 공부하기 시작했다. 그러나 이듬해인 18세 때 아버지가 돌아가시자 베를린 대학으로 옮겼다. 당시 베를린 대학에는 유명한 수학자 크로네커(L. Kronecker, 1823~1891), 쿠머(E. Kummer, 1810~1893), 바이어슈트라스(K. T. Weierstrass, 1815~1897) 등이 교수로 있었다.

칸토어는 처음에 크로네커와 쿠머의 영향으로 '정수론'을 연구하고 논문도 발표했으나, 바이어슈트라스의 영향을 받아 무한급수 쪽에 관심을 가지게 되었다. 무한급수란 어떤 숫자들을 무한히 계속

더해 가는 형태, 이를테면

$$a_1 + a_2 + a_3 + \cdots + a_n + \cdots$$

를 말하는데, 과연 이 합이 어떤 일정한 값에 가까워지느냐가 이 주제를 연구하는 수학자들의 관심사였다.

칸토어는 여기서 무한에 대한 관심을 키우기 시작해 드디어는 무한집합에 관한 연구를 시작했다. 그는 결혼하던 해인 29세 때 무한집합에 관한 논문을 발표하는데, 그 내용은 우리가 이미 앞에서 보았듯이 상식적으로는 납득하기 어려운 것이었다. 이 때문에 당시의 유명한 수학자들조차 그의 생각을 인정하지 않고 신랄하게 공격했다. 특히 베를린 대학에서 그의 스승이었던 크로네커는 온갖 수단과 방법을 가리지 않고 칸토어를 공격하여, 칸토어는 베를린 대학의 교수직을 얻지 못하고 베를린 대학보다 못한 할레 대학의 교수

로 만족해야 했다.

그러던 칸토어는 결국 이러한 비난과 고통을 견뎌 내지 못하고 40세 때인 1884년부터 정신병 증세를 보여 발작을 일으키곤 했으며 그때마다 정신병원에 입원했다.

말년에는 그의 '무한집합론'이 세상의 인정을 받고 스승 크로네커와도 화해했다고 하나 그는 끝내 정신병원에서 쓸쓸한 최후를 맞았다. 그것이 1918년의 일이다.

자신을 면밀하게 분석하여 재능을 발견할 기회를 제대로 가지지 못하고 자기 의지대로 살기엔 장애 요인이 너무 많이 따르는 우리 학생들에게, 자신에 대한 확신이 부족했던 칸토어의 불행한 삶은 많은 교훈을 준다. 물론 그가 연구한 무한집합론과 함께.

실수 · 함수 · 행렬의 닮은 점

2

1 함수

함수의 정의

함수란?

요즈음은 기계 문명이 발달하여 예전에 사람이 했던 일을 기계가 대신하는 경우가 많다. 대표적인 예로 자동 판매기가 있는데 그 종류도 참 다양하다. 커피 자동 판매기, 음료수 자동 판매기, 담배 자동 판매기, 지하철 승차권 자동 판매기 등등.

커피 자동 판매기는 소비자의 다양한 취향에 맞추기 위하여 여러 종류의 커피를 갖추고 있다. 블랙커피, 크림커피, 설탕커피, 설탕크림커피 등.

커피를 마시려고 돈을 넣고 버튼을 누르면 그 버튼에 해당하는 커피가 나올 것이다. 이것은 하나의 약속이며 관계다. 블랙커피라고 쓰인 버튼을 누르면 꼭 블랙커피가 한 잔 나와야 한다. 만약 커피가 안 나오거나(관리자가 가까운 곳에 없다면 정말 화나는 일이다), 두 잔이 연이어 나오거나(이런 경우는 못 봤지만 아주 신날 것 같다. 그러나 공짜라고 커피를 연달아 두 잔씩이나 마시는 것은, 글쎄……) 원하는 커피가 아니라 설탕이 잔뜩 든 달디단 커피가 나온다면 그 자동 판매기는 고장 난 게 틀림없다. 하나의 버튼에 대해서는 틀림없이 정해진 하나의 커피가 나와야 한다.

수학에서는 이것을 **함수**(函數)라고 부른다. 어떤 두 집합 X와 Y가 있을 때 X에서 Y로의 함수란, X의 원소 하나에 Y의 원소가 오직 하나 대응하는 것을 말한다(주가 되는 집합이 X라는 사실에 유의하자). 이때 X를 **정의역**(定義域), Y를 **공역**(共域)이라고 한다.

다음의 세 가지 그림을 비교해 보자.

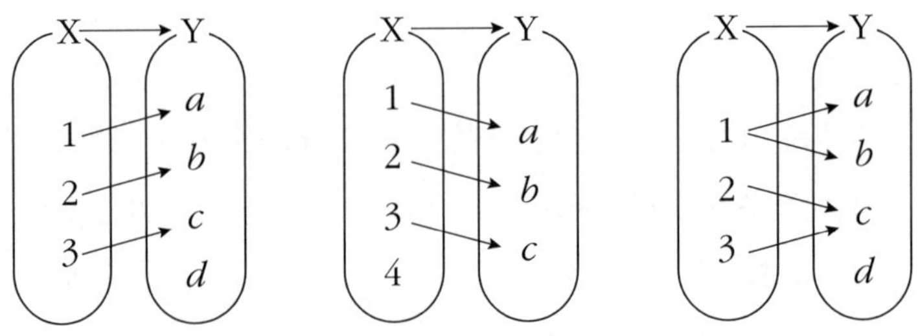

첫 번째 그림은 X의 원소 1, 2, 3에 Y의 원소 a, b, c가 하나씩 대응하므로 함수다. 그러나 두 번째 것은 X의 원소 4에 대응하는 Y의 원소가 없으므로 함수가 아니다. 세 번째 것은 X의 원소 1에 Y의 a, b 두 원소가 동시에 대응하므로 역시 함수가 아니다(2와 3이 모두 c로 간 것에는 신경 쓸 필요가 없다. X의 원소 2에 c 하나가 대응하고 3에도 c 하나가 대응하는 셈이므로, 이 관계는 함수의 정의에 어긋나지 않는다).

그러므로 위의 세 그림 중 함수(X에서 Y로의 함수)를 나타내는 것

은 첫 번째 것뿐이다. 함수는 보통 함수의 영어 단어 'function'의 머리글자를 따서 f로 표시한다(더 많은 함수를 표시하고 싶을 때는 f 다음의 알파벳을 사용하여 f, g, h 등으로 쓴다. 미지수를 보통 x로 쓰기 때문에 x, y, z로 나타내듯이).

첫 번째 함수 f는 1을 a에, 2를 b에, 3을, c에 대응시키는 함수이다. 이때 f에 의해 1에 대응하는 각각의 값 a를 1의 **상**(像), b를 2의 상, c를 3의 상이라고 한다. 이것을 기호로는

$$f(1) = a$$

$$f(2) = b$$

$$f(3) = c$$

로 나타낸다.

이 함수에서 정의역은 $X = \{1,\ 2,\ 3\}$이고, 공역은 $Y = \{a,\ b,\ c,\ d\}$인데, Y의 원소 중 X에서 날아온 화살을 맞은 것은 $\{a,\ b,\ c\}$이다. 이 $\{a,\ b,\ c\}$를 함수 f의 **치역**(値域)이라고 한다.

함수의 그래프

이제 원소가 더 많은 집합 사이에 함수로 다리를 놓아 보자.

X, Y를 자연수의 집합이라고 할 때, X에서 Y로 가는 함수는 무수히 많이 만들 수 있다.

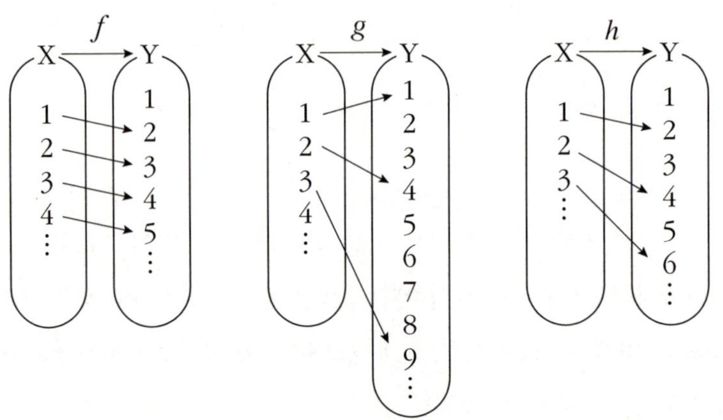

우선 함수 f를 살펴보자. 짝지어진 관계로 보아 X의 원소에 1을 더한 수를 대응시키고 있으므로, $f(x) = x + 1$이라고 쓸 수 있다. 이 때 정의역과 공역은 각각 자연수의 집합이고, 치역은 자연수의 집합에서 1을 제외한 집합이 된다.

함수 g는 $g(x)=x^2$의 관계이며, 함수 h는 $h(x)=2x$로 표현할 수 있다. g의 치역은 $\{1,\ 4,\ 9,\ 16,\ \cdots\}$과 같은 제곱수의 집합이며, h의 치역은 $\{2,\ 4,\ 6,\ \cdots\}$과 같은 짝수의 집합이다.

다시 f로 돌아가자. 함수란 X의 원소 하나에 Y의 원소가 하나만 대응하는 것이므로, X와 Y의 짝을 다음과 같이 나타낼 수도 있다.

$$\{\,(x,\ y)\,|\,x \in X,\ y \in Y,\ y=f(x)\,\}$$

즉, 두 개의 짝을 순서쌍으로 만드는 것이다. 함수 f를 써 보면,

$$\{\,(1,\ 2),\ (2,\ 3),\ (3,\ 4),\ (4,\ 5),\ (5,\ 6),\ \cdots\,\}$$

이 되고, 함수 g는

$$\{\,(1,\ 1),\ (2,\ 4),\ (3,\ 9),\ (4,\ 16),\ (5,\ 25),\ \cdots\,\}$$

이며, 함수 h는

$$\{\,(1,\ 2),\ (2,\ 4),\ (3,\ 6),\ (4,\ 8),\ (5,\ 10),\ \cdots\,\}$$

이 된다.

함수를 이런 식으로 순서쌍의 집합으로 나타내는 것을 **함수의 그래프**라고 한다.

그런데 이 그래프들은 별로 시각적이지 않다. 한눈에 알아보게 나타낼 수 있으면 얼마나 좋을까? 우리는 그 방법을 이미 알고 있다. 왜냐하면 오늘날 쓰이는 좌표평면의 기반을 세운 위대한 수학자 데카르트를 알고 있으므로(자세한 내용은 《수학은 아름다워 1》 232쪽 참조).

그렇다. 두 개의 숫자가 어우러진 순서쌍은 좌표평면 위의 한 점으로 나타낼 수 있다. 함수 f, g, h를 좌표평면 위에 점으로 표시하는 것은 아주 쉽고 재미있는 일이다.

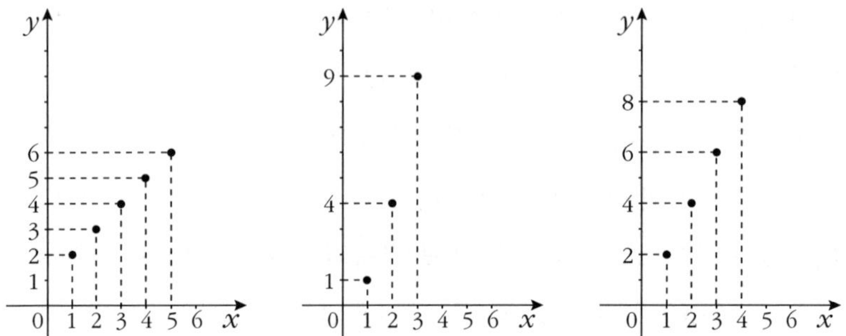

이 그림들은 함수를 순서쌍으로 표시한 그래프를 기하학적으로 나타내 보인 것이다. 그래서 이것을 **그래프의 기하학적 표시**라고 한다(흔히 줄여서 그래프라고 부른다).

정의역을 정수의 집합으로 늘리면, X가 음수일 때도 점이 좌표평면 위에 나타난다. 또 정의역을 유리수의 집합으로 확대하면 아주 조밀하게 점이 찍히겠지만 훨씬 많은 점들이 채워지지 않은 채 비게 된다(1장을 제대로 이해했다면 그 이유를 금방 알 수 있을 것이다. 빈 점들은 무리수에 해당하는 점이며, 무리수의 개수는 유리수보다 많다).

그러나 정의역을 실수 전체의 집합으로 잡으면, 그 빈 점들은 모두 메워지므로 그래프는 빈틈이 없는 실선이 된다.

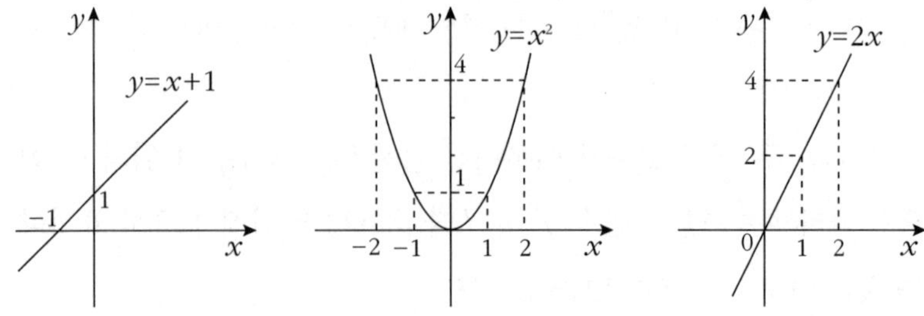

생활 속에서 찾은 함수들

집합 X의 한 원소에 집합 Y의 원소가 하나씩만 대응할 때, 이것을 X에서 Y로의 함수라고 한다는 것은 이미 아는 사실이다. 우리 주변에서 이러한 함수 관계를 이루는 것들을 찾아 보자.

예를 들어, 정의역을 대한민국 국민 전체의 집합으로 하고 공역을 주민등록번호 전체의 집합으로 하면, 각 사람과 주민등록번호를 연결하는 관계는 함수가 된다. 주민등록번호가 없는 사람도 없거니와 그 번호가 두 개인 사람도 없으니까. 또 정의역을 역시 대한민국 국민 전체의 집합으로, 공역은 1월 1일에서 12월 31일까지의 모든 날짜로 한 후 각 사람의 생일과 연결하는 관계도 함수가 된다.

집안에서도 함수를 만들 수 있다. 정의역을 우리 가족으로 하고, 공역을 자연수의 집합으로 한 다음 올해 각자의 나이와 연결해 보자.

이처럼 우리 주변에서도 여러 가지 함수를 발견할 수 있다. 생활 곳곳에 숨어 있는 재미있는 함수들을 뒤에서 더 찾아 보자.

항등함수

정의역과 공역이 같고 각 원소의 상이 자기 자신과 같은 함수를 항등함수라고 한다. 이것을 식으로 나타내면 $f(x) = x$가 된다.

예를 들어 $X = \{1,\ 2,\ 3\}$일 때, X에서 X로 가는 항등함수를 그리면,

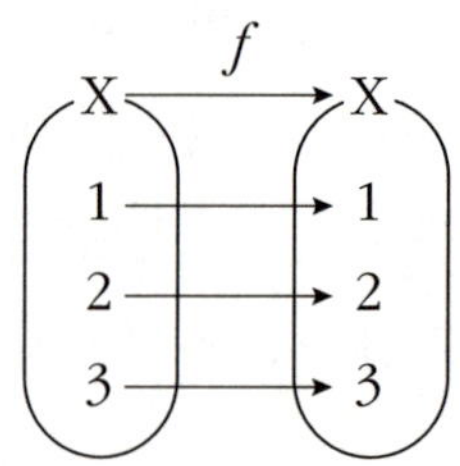

정의역을 정수의 집합으로 잡고 항등함수를 좌표평면 위에 그려 보자.

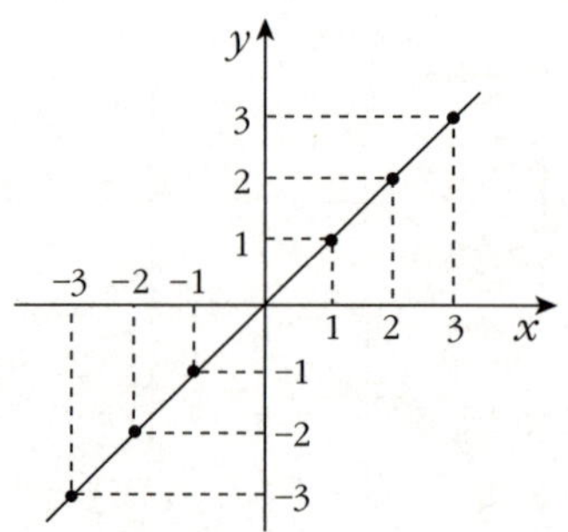

정의역을 실수로 했을 때 항등함수의 그래프가 어떤 모양일지 이미 여러분의 머릿속에 떠올랐을 것이다.

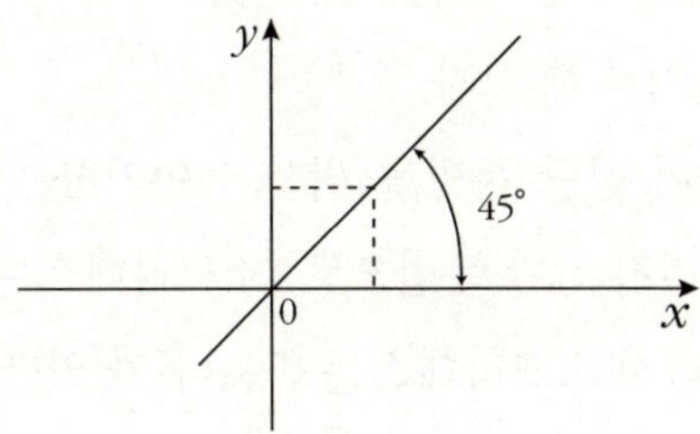

이 그래프는 방정식이 $y=x$이며, x축 양의 방향과 $45°$ 각도로 원점을 지나는 직선이다. 흔히 이 항등함수를 I로 나타내므로 $I(x)=x$가 된다. 이 함수는 빼놓을 수 없는 중요한 함수인데, 이에 관한 이야기는 뒤에서 자세히 하겠다.

이제 하나의 함수에 관해서는 잘 알았으므로 두 개의 함수를 가지고 재미있는 놀이를 해 보자.

우리는 사람들이 삼단 논법을 써서 이야기하는 것을 흔히 듣는다. 가장 널리 알려진 삼단 논법으로 "소크라테스는 사람이다. 사람은 다 죽는다. 따라서 소크라테스는 죽는다"가 있다.

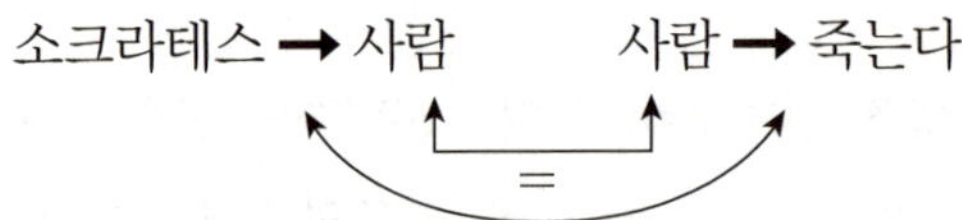

삼단논법은 이처럼 가운데에 같은 용어를 연결시켜 처음에서 끝으로 뛰어넘는 방법이다.

이런 우스개도 있다. "천재가 못 푸는 문제는 나도 못 푼다. 내가 푸는 문제는 천재도 푼다. 따라서 나는 천재다." 이 말은 언뜻 보기에 맞는 것 같으면서도 뭔가 고개를 갸우뚱하게 만든다. 하지만 도식화해 보면 금방 모순이 발견된다.

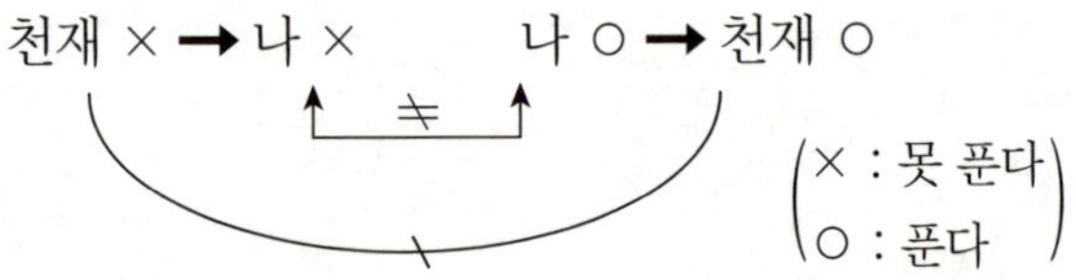

가운데를 연결하는 부분이 같지 않으므로 이 말은 삼단논법에 어긋난다.

함수에도 이처럼 가운데에 다리를 만들어 건너가는 방법이 있는데, 그것이 바로 **합성함수**다.

다음의 두 함수를 보자.

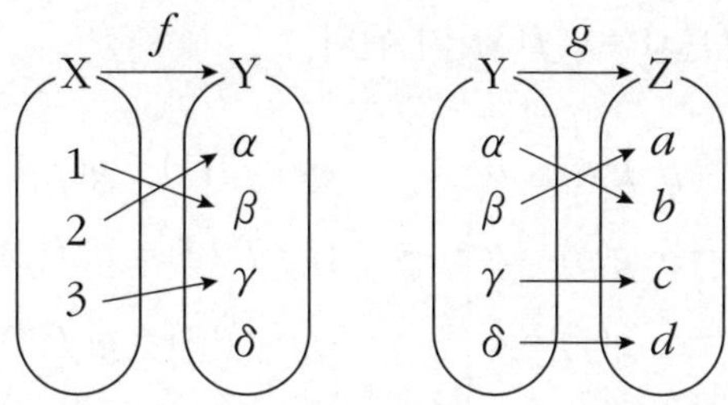

두 함수 f와 g는 서로 다른 함수지만, f의 공역과 g의 정의역이 Y로 같다. 이 Y를 겹쳐 놓고 보자.

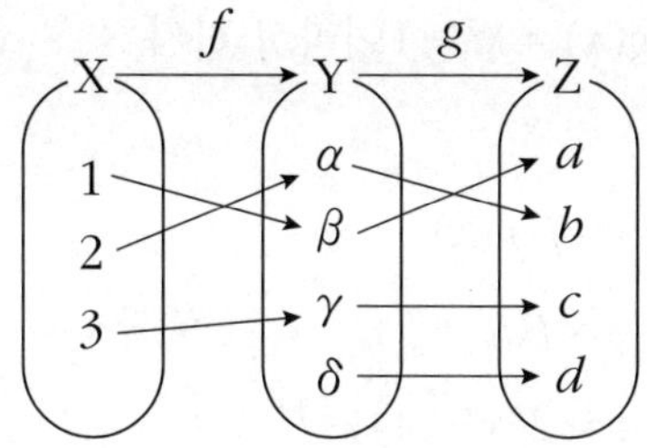

가운데에 있는 Y를 통해 다리가 연결되었다. 이제 Y를 치우면 어떻게 될까?

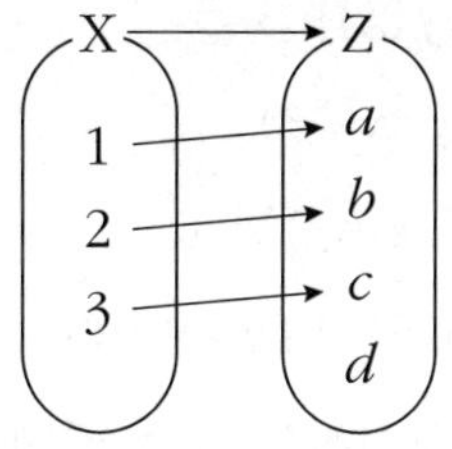

X에서 Z로 가는 새로운 함수가 하나 만들어졌다! 이 함수에 이름을 붙여야겠는데, 이것은 혼자 생겨난 것이 아니라 f와 g가 연결되어 태어난 것이므로 두 함수를 모두 표시해야 한다. f를 먼저, g를

나중에 적용한 이 합성함수의 이름은 $g \circ f$라고 한다(순서에 주의하라!). 즉, $(g \circ f)(x) = g(f(x))$가 된다.

$$
\left.\begin{array}{ll}
f(1)=\beta & g(\alpha)=b \\
f(2)=\alpha & g(\beta)=a \\
f(3)=\gamma & g(\gamma)=c \\
 & g(\delta)=d
\end{array}\right\} \quad \rightarrow \quad
\left.\begin{array}{l}
(g \circ f)(1)=g(f(1))=g(\beta)=a \\
(g \circ f)(2)=g(f(2))=g(\alpha)=b \\
(g \circ f)(3)=g(f(3))=g(\gamma)=c
\end{array}\right\}
$$

실수의 집합을 정의역과 공역으로 하는 두 함수 f, g를
$f(x)=2x+3$, $g(x)=x^2-1$이라고 하자.

이때 $f \circ g$는

$$
\begin{aligned}
(f \circ g)(x) &= f(g(x)) \\
&= f(x^2-1) \\
&= 2(x^2-1)+3 \\
&= 2x^2+1 \text{이고,}
\end{aligned}
$$

$g \circ f$는

$$
\begin{aligned}
(g \circ f)(x) &= g(f(x)) \\
&= g(2x+3) \\
&= (2x+3)^2-1 \\
&= 4x^2+12x+8 \text{이다.}
\end{aligned}
$$

위의 두 합성함수의 차이점을 주의 깊게 살피면서 잠시 숨을 돌리고 새로운 곳으로 떠나 보자.

오늘날 우리가 사용하는 것과 같은 함수 개념은 라이프니츠(Leibniz, 1646~1716)에서부터 시작되었다. 그때는 '변량 x의 함수란 x에 관한 식이다'라고 생각하였는데, 이는 함수를 하나의 수식으로만 인식하였기 때문이다.

코시(1789~1857)

함수는 그 후 18세기 전반에 오일러(Euler, 1707~1783)에 의하여 좀더 확장된 의미를 띠게 되는데, 오일러는 임의의 함수는 직선이나 곡선을 나타내고, 역으로 임의의 곡선은 함수로 표현할 수 있다고 생각했다.

함수의 개념을 좀더 명확하게 정의한 수학자는 코시(Cauchy, 1789~1857)다. 코시는 오일러와 달리 '식으로 표현할 수 있다'라는 조건을 붙이지 않고 함수를 다만 변수 사이의 관계—현대적인 표현으로는 '대응'—로 규정했다. 이러한 정의는 그 이전에 함수를 규정하던 기하학적 의미나 구체적인 식 등에서 벗어나 낱낱의 x값에 y를 대응시키는 하나의 규칙으로서의 함수를 가능하게 하였다(이는 정의역이나 공역이 꼭 숫자일 필요가 없다는 뜻이기도 하다).

이어서 디리클레(Dirichlet, 1805~1859)가 코시의 정의를 지켜서, x와 y의 대응만 있으면 수식 등의 규칙은 없어도 된다는 개념을 확립했다.

코시는 이렇듯 정의부터 시작하여 함수 연구에 가장 크게 공헌하여 훗날 '함수의 아버지'라 불리게 되었다.

코시는 나폴레옹 시대가 끝나고 루이 18세에 이어 샤를 10세가 다스리던 프랑스에서 태어났다. 아버지가 당시의 대수학자인 라그랑주, 라플라스와 친해서 코시도 어려서부터 자연스럽게 수학과 친해졌다.

코시는 16세 때 에콜 폴리테크니크(École Polytechnique, 프랑스 국립 이공대학)에 입학하여 토목 기사 자격증을 얻었으나 건강이 좋지 않아 그만두고 수학 연구에 몰두하였다.

코시가 모교인 에콜 폴리테크니크의 교수가 된 후 프랑스에는 혁명이 일어났고, 루이 필리프가 왕이 되었다. 루이 필리프는 프랑스의 모든 정치가, 귀족, 학자에게 '왕에게 충성을 맹세하라'는 명령을 내렸다. 그러나 코시는 그 혁명을 좋게 생각하지 않아 충성을 다짐하는 선서를 거부했다. 그 대가로 그는 교수직을 박탈당하고 국외로 추방당하여 이탈리아 토리노 대학의 교수가 되었다.

　권좌에서 물러나 영국에서 지내던 샤를 10세는 코시의 소식을 듣고 그를 불러들여 손자뻘인 볼드 후작의 교육을 맡겼다. 그 덕분에 코시는 샤를 10세에게 남작이라는 작위를 받았다.

　그 후 코시는 프랑스로 돌아가 수학 교수가 되려 했지만 역시 선서를 거부하여 한동안은 교수도 관리도 될 수 없었다.

　훗날 법률이 관대해져 선서 없이도 다시 수학을 가르칠 수 있게 된 코시는 연구에 더욱 몰두하여 수학의 거의 모든 분야에 걸쳐 논문을 발표하였다.

　프랑스에서는 다시 혁명이 일어나 루이 필리프가 쫓겨나고, 나폴레옹 3세가 왕이 되었다. 나폴레옹 3세도 모든 정치가, 귀족, 학자에게 충성을 맹세하는 선서를 요구하였지만, 코시에게는 선서를 하지 않아도 교수직에 남을 수 있도록 특전을 베풀었다고 한다.

2 행렬

나이가 많이 드신 어른들은 지금도 일제 시대의 엄혹했던 군사 교육을 기억하고 있다. 대한민국의 거의 모든 성인 남성은 군대에서의 고압적인 군기를 기억할 것이며, 고등학교 학생들은 체육 시간이나 운동장 조회 때 줄을 잘못 맞춰 혼난 경험이 있을 것이다. "4열 횡대!", "5열 종대!" 하는 구령에 맞춰 정신없이 뛰며 좌우를 살피던 일도.

수학자들은 숫자도 줄을 세우고 싶어해서, 가로세로로 숫자들을 줄 세운 '행렬'이라는 새로운 세계로 뛰어들었다.

 **행렬의 정의**

유진이와 준상이의 성적이 다음과 같다고 하자.

	국 어	수 학	영 어
유 진	70	80	85
준 상	90	85	60

이 표에서 점수만 따로 쓰고, 괄호로 묶으면 아래와 같이 쓸 수 있다(숫자 사이에 점을 찍지 않도록 주의!).

$$\begin{pmatrix} 70 & 80 & 85 \\ 90 & 85 & 60 \end{pmatrix}$$

이와 같이 수나 문자를 직사각형(정사각형도 직사각형의 일종임을 잊지 말자) 모양으로 배열하여 그 양끝을 괄호로 묶은 것을 **행렬**이라 하고, 그 안에 있는 각각의 숫자나 문자를 **행렬의 원소**라고 한다. 이때 가로의 배열이 행, 세로의 배열이 열이다.

행과 열을 혼동하는 사람이 많은데, 운동장에 모여 두 줄로 길게 늘어섰을 때 선생님들께서 큰 소리로 호령하시던 목소리를 떠올리면 쉽다. "열 좀 잘 맞춰라!" 그때의 세로줄이 열이다. 또 수업 시간, 특히 사회나 지리, 역사 시간에는 교과서에 곧잘 밑줄을 치곤 한다. 그럴 때 선생님께서 곧잘 이렇게 말씀하셨을 것이다. "자, 27쪽 3행 '고조선은'에서부터 5행 '건국되었다'까지 밑줄 치세요." 교과서처럼 가로로 쓰여 있는 글줄은 하나하나가 바로 행이다.

$$
\begin{array}{ccc}
\text{제1열} & \text{제2열} & \text{제3열} \\
\downarrow & \downarrow & \downarrow \\
\end{array}
$$

$$
\begin{array}{l}
\text{제1행} \rightarrow \\
\text{제2행} \rightarrow
\end{array}
\begin{pmatrix}
70 & 80 & 85 \\
90 & 85 & 60
\end{pmatrix}
$$

일반적으로 행렬은 집합과 같이 알파벳 대문자 A, B, C, …로 나타내며, 행렬의 원소는 집합의 원소처럼 소문자로 표시한다.

그러나 집합과 달리 행렬에서는 원소의 위치가 중요하다. 앞의 행렬에는 85라는 원소가 두 개 있지만, 그 둘은 분명히 다르다. 하나는 유진이의 영어 점수이며 또 하나는 준상이의 수학 점수다. 이처럼 각 자리의 수가 서로 다른 뜻을 가지고 있으므로, 이들을 쉽게 구별하기 위하여 다음과 같은 방법으로 각각에 이름을 붙여 보자.

$$a_{ij}(i\text{는 행의 번호}, j\text{는 열의 번호})$$

그러면 a_{12}는 1행 2열의 숫자를 의미하며 앞의 집합에서 여기에 해당하는 수는 80이다.

$$
\begin{pmatrix}
a_{11} & a_{12} & a_{13} \\
a_{21} & a_{22} & a_{23}
\end{pmatrix}
$$

또 국어와 수학 점수만으로 행렬을 만들면

$$\begin{pmatrix} 70 & 80 \\ 90 & 85 \end{pmatrix}$$

와 같이 되어 앞의 행렬과는 크기가 달라진다.

앞의 행렬은 2행 3열로 구성되어 있고, 뒤의 행렬은 2행 2열로 되어 있는데, 이것을 기호로는 각각 2×3('2행 3열의 행렬'이나 'two by three'라 한다), 2×2로 나타낸다.

일반적으로 행의 개수가 m, 열의 개수가 n인 행렬을 $m \times n$행렬이라고 하며, 2×2처럼 $m = n$인 경우에는 m차 정사각행렬(정방행렬)이라고 한다.

$$\begin{pmatrix} 1 & 2 & 3 \\ 4 & 5 & 6 \\ 7 & 8 & 9 \end{pmatrix} \quad \begin{pmatrix} 2 & 5 \\ 4 & 3 \\ -1 & 5 \end{pmatrix} \quad (2 \ \ 4 \ \ 7) \quad \begin{pmatrix} 5 \\ 4 \end{pmatrix} \quad (1)$$

   3×3행렬   3×2행렬   1×3행렬   2×1행렬   1×1행렬
3차 정사각행렬

가장 오른쪽의 (1)은 1행 1열짜리 행렬인데, 이것은 숫자 하나이므로 행렬 기호를 생략하고 1이라고 쓰기도 한다. 결국 모든 실수는 1×1행렬이기도 하다. 또 (2 1)과 같은 1행 2열짜리 행렬은 좌표평면 위의 점 (2, 1)로 생각할 수도 있다. 마찬가지로 (1, 2, 3)이라는 공간 속에서의 점의 좌표는 (1 2 3)과 같이 1행 3열짜리 행렬로 생각할 수 있다. 이 점에서 행렬은 1, 2, 3차원을 다 포괄하는 폭넓은 개념이라고 볼 수 있다.

우리는 이제 막 행렬이라는 새로운 것을 알았다. 그 다음에 해야 할 일은 무엇일까? 이 새로운 것을 어떻게 이용할지를 고민해야 하지 않을까?

여기서 잠깐, 복소수를 만들었을 때 일을 다시 떠올려 보자.

$C = \{a + bi \mid a,\ b$는 실수$\}$라는 새로운 형태의 복소수를 만들고 나서 맨 처음에 한 일은 무엇인가? 숫자니까 사칙연산을 정하는 것이 최우선이라고 생각할지도 모르지만 그보다 더 급한 것이 있다.

예를 들어 $(2 + 3i) + (-4 + i)$를 계산하려 해도 식을 쓰려면 다음에 꼭 '=(등호, equal)'이 필요하다. 다시 말해 복소수의 상등, 즉 두 복소수가 어느 때 같아지는지를 먼저 정해야 한다는 것이다.

그래서 수학자들은 누구나 생각할 수 있는 방식으로 복소수의 상등을 정의했다.

$$a=c, \ b=d\text{이면}$$

$$a+bi=c+di\text{이다.}$$

이렇게 정해 놓고 난 다음에야 사칙연산, 즉 덧셈 · 뺄셈 · 곱셈 · 나눗셈에 대해 이야기할 수 있다.

이러한 진행 순서는 행렬에서도 예외가 아니어서, 무엇보다 먼저 행렬의 상등, 즉 어느 때 두 행렬을 같다고 할 것인지를 정해야 한다.

행렬의 상등

행렬은 크기가 여러 가지다. 그런데 아래처럼 크기가 다른 두 행렬을 같다고 하거나 직접 비교하기는 어딘가 어색하다.

$$\begin{pmatrix} 1 & 2 & 3 \\ 4 & 5 & 6 \end{pmatrix} \qquad (1 \ \ 2)$$

상등을 논할 때는 두 행렬의 크기가 같아야 한다. 다시 말해 행의 개수와 열의 개수가 각각 같다(이것을 같은 꼴이라고 한다)는 점이 전제되어야 한다.

여기 2×2행렬 두 개가 있다.

$$A=\begin{pmatrix} a & b \\ c & d \end{pmatrix}, \qquad B=\begin{pmatrix} e & f \\ g & h \end{pmatrix}$$

어느 때 $A=B$가 된다고 정하면 가장 좋을까? 그렇다. 가장 상식적인 방법을 쓰면 된다. 그 방법은 아래와 같다.

$$a=e, \ b=f, \ c=g, \ d=h$$

예를 들어,

$$A = \begin{pmatrix} a & 2 \\ 4 & 3 \\ b & c \end{pmatrix}, \qquad B = \begin{pmatrix} 1 & 2 \\ 4 & d \\ -1 & 5 \end{pmatrix}$$

이고 $A = B$라면, $a = 1$, $b = -1$, $c = 5$, $d = 3$이 된다.

다시 말해, 두 행렬이 같은 꼴이고 같은 위치에 있는 두 원소가 각각 같다면 두 행렬은 상등이라고 한다.

이제 우리는 행렬끼리 계산할 수 있는 준비 운동을 다 마쳤다.

행렬의 덧셈과 뺄셈

상등에서와 마찬가지로 덧셈이나 뺄셈도 같은 꼴에서만 가능하다.

$$(1 \quad 2) + \begin{pmatrix} 4 & 7 \\ 5 & 8 \end{pmatrix}$$

위 조합은 어딘가 좀 이상하지 않은가? 여기서는 덧셈이나 뺄셈하는 법을 정하기가 쉽지 않다.

그러면 다음 행렬을 보자.

$$A = \begin{pmatrix} a & b \\ c & d \end{pmatrix}, \qquad B = \begin{pmatrix} e & f \\ g & h \end{pmatrix}$$

이 두 개의 같은 꼴 행렬에서 $A + B$와 $A - B$를 어떻게 정하는 것이 가장 좋을까?

역시 가장 상식적인 것이 좋겠다. 사람들의 생각은 거의 비슷하다. 수학자들도 마찬가지로 다음과 같이 생각했다.

$$A + B = \begin{pmatrix} a+e & b+f \\ c+g & d+h \end{pmatrix}, \qquad A - B = \begin{pmatrix} a-e & b-f \\ c-g & d-h \end{pmatrix}$$

결국 행렬의 덧셈과 뺄셈은 같은 꼴에서만 가능하며, 같은 위치에 있는 원소끼리 각각 더하거나 빼 그 자리에 쓰므로 계산한 결과도 같은 꼴의 행렬이 된다.

행렬의 곱셈

상우와 효리가 사는 동네에는 과일 가게가 두 개 있는데 이 가게들을 편의상 M과 N이라 부르자. M 가게에서는 개당 500원인 사과와 900원인 배를 팔고, N 가게에서는 400원인 사과와 1000원인 배를 팔고 있다. 어느 날 상우가 M 가게에서 사과를 2개, 배를 4개 샀다면 얼마를 지불해야 하는가? 쉬운 문제다.

$$500 \times 2 + 900 \times 4 = 4600 (원)$$

만약 효리가 M 가게에서 사과 3개, 배 5개를 샀다면?

$$500 \times 3 + 900 \times 5 = 6000(원)$$

상우가 N 가게에서 사과 2개와 배 4개를 샀다면?

$$400 \times 2 + 1000 \times 4 = 4800(원)$$

효리가 N 가게에서 사과 3개와 배 5개를 샀다면?

$$400 \times 3 + 1000 \times 5 = 6200(원)$$

이 네 가지 계산 결과를 아래와 같이 행렬로 써 보자.

$$\begin{pmatrix} 500 \times 2 + 900 \times 4 & 500 \times 3 + 900 \times 5 \\ 400 \times 2 + 1000 \times 4 & 400 \times 3 + 1000 \times 5 \end{pmatrix}$$

이것은 다음의 두 표에서 얻은 결과로 볼 수 있다.

	사과	배
M	500	900
N	400	1000

	상우	효리
사과	2	3
배	4	5

이 표를 각각 행렬로 만들어 보자.

$$A = \begin{pmatrix} 500 & 900 \\ 400 & 1000 \end{pmatrix}, \qquad B = \begin{pmatrix} 2 & 3 \\ 4 & 5 \end{pmatrix}$$

$$C = \begin{pmatrix} 500 \times 2 + 900 \times 4 & 500 \times 3 + 900 \times 5 \\ 400 \times 2 + 1000 \times 4 & 400 \times 3 + 1000 \times 5 \end{pmatrix}$$

행렬 C는 상우와 효리가 각각 M, N 가게에서 과일을 사고 지불할 금액을 나타낸다. 이것을 A, B 행렬과 비교해 보면서 어떻게 계산했는지 살펴보자.

$$A = \begin{pmatrix} a & b \\ c & d \end{pmatrix}, \qquad B = \begin{pmatrix} x & y \\ z & u \end{pmatrix} \text{라면,}$$

$$C = \begin{pmatrix} ax + bz & ay + bu \\ cx + dz & cy + du \end{pmatrix} \text{의 모양이다.}$$

이 행렬 C를 행렬 A와 B의 곱으로 정한다. 즉, C=AB이다.

예를 들어,

$$A = \begin{pmatrix} 1 & 2 \\ 3 & 4 \end{pmatrix}, \qquad B = \begin{pmatrix} 5 & 6 \\ 7 & 8 \end{pmatrix} \text{일 때}$$

$$C = AB = \begin{pmatrix} 1 & 2 \\ 3 & 4 \end{pmatrix} \begin{pmatrix} 5 & 6 \\ 7 & 8 \end{pmatrix}$$

$$= \begin{pmatrix} 1\times5+2\times7 & 1\times6+2\times8 \\ 3\times5+4\times7 & 3\times6+4\times8 \end{pmatrix}$$

$$= \begin{pmatrix} 19 & 22 \\ 43 & 50 \end{pmatrix}$$

행렬에서 덧셈과 뺄셈은 같은 꼴의 행렬에서만 이루어진 데 비해 곱셈은 그렇지 않다.

예를 들어,

$$A = \begin{pmatrix} 2 & 3 \\ 5 & 7 \end{pmatrix}, \qquad B = \begin{pmatrix} 3 & 1 \\ 4 & 5 \\ 6 & 7 \end{pmatrix} \text{이라 하고,}$$

AB를 계산한다고 하자.

$$AB = \begin{pmatrix} 2 & 3 \\ 5 & 7 \end{pmatrix} \begin{pmatrix} 3 & 1 \\ 4 & 5 \\ 6 & 7 \end{pmatrix} = \begin{pmatrix} 2\times3+3\times4+\bigcirc\times6\cdots \\ 5\times3+7\times4+\bigcirc\times6\cdots \end{pmatrix}$$

앞에서 약속한 방법으로 곱셈을 하자니 B의 3행 1열의 원소인 6

과 곱할 A의 원소가 없다. 그러므로 적어도 A는 3열이 있어야 한다. 또 만약 A가 4열이 있다면 또 그 원소와 곱할 B의 4행이 있어야만 한다.

결론적으로 말해서 행렬의 곱셈이 가능하려면 앞의 행렬의 열의 수와 뒤의 행렬의 행의 수가 같아야만 한다.

즉, $(m \times n$행렬$) \cdot (k \times l$행렬$)$은 $n = k$일 때만 가능하다. 그리고 그 결과는 $m \times l$행렬이 된다.

$$(m \times n\text{행렬}) \cdot (k \times l\text{행렬}) \rightarrow (m \times l\text{행렬})$$

행렬의 여러 꼴에 따른 곱셈의 예를 들어 보자.

① $(2 \times 2$행렬$) \times (2 \times 1$행렬$) \rightarrow (2 \times 1$행렬$)$

$$\begin{pmatrix} a & b \\ c & d \end{pmatrix} \begin{pmatrix} x \\ y \end{pmatrix} = \begin{pmatrix} ax + by \\ cx + dy \end{pmatrix}$$

② $(1 \times 3$행렬$) \times (3 \times 2$행렬$) \rightarrow (1 \times 2$행렬$)$

$$(x \ y \ z) \begin{pmatrix} a & b \\ c & d \\ e & f \end{pmatrix} = (xa + yc + ze \quad xb + yd + zf)$$

③ $(1 \times 2$행렬$) \times (2 \times 1$행렬$) \rightarrow (1 \times 1$행렬$)$

$$(a \ b) \begin{pmatrix} x \\ y \end{pmatrix} = (ax + by)$$

④ $(2 \times 1$행렬$) \times (1 \times 2$행렬$) \rightarrow (2 \times 2$행렬$)$

$$\begin{pmatrix} x \\ y \end{pmatrix} (a \ b) = \begin{pmatrix} ax & bx \\ ay & by \end{pmatrix}$$

⑤ $(2 \times 2$행렬$) \times (2 \times 3$행렬$) \rightarrow (2 \times 3$행렬$)$

$$\begin{pmatrix} x & y \\ z & u \end{pmatrix} \begin{pmatrix} a & b & c \\ d & e & f \end{pmatrix} = \begin{pmatrix} ax+dy & bx+ey & cx+fy \\ az+du & bz+eu & cz+fu \end{pmatrix}$$

여러분도 몇 개의 행렬을 직접 만들어 계산해 보기 바란다.

행렬과 이원일차 연립방정식

다음과 같은 이원일차 연립방정식이 있다.

$$\begin{cases} 2x+3y=4 \ \text{——} \ ① \\ -x+2y=5 \ \text{——} \ ② \end{cases}$$

이것은 행렬을 이용해서도 쓸 수 있다.

$$\begin{pmatrix} 2 & 3 \\ -1 & 2 \end{pmatrix} + \begin{pmatrix} x \\ y \end{pmatrix} = \begin{pmatrix} 4 \\ 5 \end{pmatrix}$$

이때 $\begin{pmatrix} 2 & 3 \\ -1 & 2 \end{pmatrix} = A, \quad \begin{pmatrix} x \\ y \end{pmatrix} = X, \quad \begin{pmatrix} 4 \\ 5 \end{pmatrix} = B$

라 하면, 위 방정식은 $AX=B$를 만족시키는 행렬 X를 구하는 문제로 귀결된다.

이 행렬의 문제는 뒤에 다시 얘기하기로 하고 여기서는 위의 연립방정식을 풀어 보자.

$$① + 2 \times ② : \quad 2x+3y=4$$
$$+\underline{)\ -2x+4y=10}$$
$$7y=14$$
$$y=2 \ \text{——} \ ③$$

③을 ②에 대입하면,

$$-x+2 \cdot 2 = 5$$
$$x = -1$$
$$\therefore \ x = -1, \ y = 2$$

3 닫혀 있다

'닫혀 있다'의 정의

외국 영화를 보면 이런 장면이 곧잘 나온다.

상점들이 늘어선 거리, 길가에 흩어진 낙엽이 바람에 날린다. 이때 거리 끝에서 한 사나이가 나타난다. 어깨에는 낡은 배낭을 하나 걸치고.

남자는 정이 담뿍 어린 눈으로 거리 이곳저곳을 둘러보다가 한 가게를 향해 뚜벅뚜벅 걸어간다. 가볍게 술을 마실 수 있는 선술집. 홀에는 손님이 한 명도 없고, 목로 너머에서 문 쪽으로 등을 돌린 채 잔을 씻던 여주인이 문소리만 듣고 "어서 오세요." 하고 인사를 한다.

입구에 그대로 서 있는 남자를 향해 돌아보던 주인이 "무엇을 드…" 하는 데서 대사가 끊어진다. 얼굴을 알아본 순간 더 이상 말을 잇지 못하는 것이다.

한참이나 말없이 서로를 바라보는 두 사람. 잠시 후 주인이 먼저 발을 떼어 남자 쪽으로 다가간다. 분위기로 보아 둘은 옛 연인인 것 같고 아마 곧 그들이 포옹하리라고 생각하겠지만 다음 장면은 그렇지 않다.

주인이 문 쪽으로 다가가 문에 매달린 팻말을 뒤로 돌린다. 바깥에서 보면 'Open'이던 팻말이 'Closed'로 바뀐다. 주인은 그러고 나서야 남자에게 다가간다. 다음 장면은 상상에 맡긴다.

그 주인은 남자 손님을 보고 가게의 문을 닫았다. 더 이상 누구도 들여놓지 않고 자기들만 안에 있겠다는 뜻이다. 지금 우리가 말하려는 '닫혀 있다'가 바로 이 'Closed'에서 온 말이다. 문이 닫혀 있으면 바깥과 연결되지 않으므로 안에서 다 해결해야 한다.

수학에서 '닫혀 있다'라는 표현은 어떤 집합과 어떤 연산이 있을 때 쓰인다. 예를 들어 M이라는 집합에서 $*$라는 연산이 있을 때, '집합 M이 연산 $*$에 대하여 닫혀 있다'라는 것은 이 집합 안에서 어떤 원소든 두 개를 뽑아 $*$라는 연산을 실행했을 때 그 결과가 다시 M의 원소가 되는 것을 말한다. 다시 말해 M 안에서 주어진 연산을 한 결과가 M 안에 있어야 한다는 뜻이다.

실수와 복소수

이제 우리가 아는 각 수의 집합에서 사칙연산에 대하여 '닫혀 있다'는 개념이 무엇을 뜻하는지 알아보자.

자연수는 사칙연산에 대하여 닫혀 있는가?

자연수는 이름 그대로 자연스러운 수이며 가장 기초가 되는 수다. 자연수는 덧셈에 대하여 닫혀 있을까? 자연수의 집합에 속하는 원소 중 아무거나 두 개를 뽑아서 더하면 그 결과는 자연수가 될까?

물론 된다. 따라서 자연수의 집합은 덧셈에 대하여 닫혀 있다.

그러면 뺄셈에 대하여는 어떠한가? 자연수끼리의 뺄셈은 항상 자연수가 될까?

자연수인 것도 있지만 아닌 것도 있다.

'닫혀 있다'는 것은 모든 원소에 적용될 때만을 의미하므로 성립하지 않는 원소가 단 하나라도 있으면 닫혀 있다고 말할 수 없다. 거꾸로, 닫혀 있지 않다고 말하려면 성립하지 않는 예를 하나만 들면 된다. 이때 그 예를 **반례**(反例)라고 한다.

자연수의 집합이 뺄셈에 대하여 닫혀 있지 않음을 보이는 반례는 얼마든지 있다.

$$2 - 3 = -1 \text{(자연수가 아니다)}$$
$$5 - 14 = -9$$
$$6 - 8 = -2$$
$$\vdots$$

곱셈은 어떤가? (자연수) × (자연수) = (자연수)인가?

맞다.

나눗셈은?

$$2 \div 3 = \frac{2}{3} \text{ (자연수가 아니다)}$$

(자연수) ÷ (자연수) = (자연수)가 아닌 예, 즉 반례를 들 수 있으므

로 자연수의 집합은 나눗셈에 대하여 닫혀 있지 않다.

정수는 사칙연산에 대하여 닫혀 있는가?

자연수에 0과 음의 정수를 더한 수, 즉 정수는 사칙연산에 대하여 닫혀 있을까?

$$(정수)+(정수)=(정수)$$

$$(정수)-(정수)=(정수)$$

$$(정수)\times(정수)=(정수)가 성립한다.$$

그러나 (정수)÷(정수)가 언제나 정수인 것은 아니다.

$$2\div3=\frac{2}{3}\,(정수가 아니다)$$

이러한 예는 얼마든지 있다. 결국 정수의 집합은 덧셈, 뺄셈, 곱셈에 대하여 닫혀 있지만, 나눗셈에 대하여는 닫혀 있지 않다.

자연수와 정수를 비교해 보면, 자연수에서는 닫혀 있지 않은 뺄셈이 정수에서는 닫혀 있음을 알 수 있다. 거꾸로 말하면, 자연수에서는 불가능했던 뺄셈을 하기 위하여 정수를 만들었다고 볼 수도 있다.

그렇다면 정수에서는 닫혀 있지 않은 나눗셈을 가능하게 만들려면 새로운 형태의 수가 있어야겠다. 이렇게 해서 탄생한 수가 유리수라는 것은 널리 알려진 사실이다.

유리수는 사칙연산에 대하여 닫혀 있는가?

(정수)÷(정수) 중에는 정수로 나타낼 수 없는 수들이 있었다. 이렇게 하여 분수의 형태로 표현되는 유리수가 나타나게 된다.

유리수의 집합 Q는

$$Q = \left\{ \frac{a}{b} \mid a,\ b는\ 정수,\ b \neq 0 \right\} 이다.$$

이제 유리수가 사칙연산에 대하여 닫혀 있는지 차근차근 알아보자.

$\frac{a}{b}$와 $\frac{c}{d}$가 유리수라면, a, b, c, d는 정수이며 $b \neq 0$, $d \neq 0$이어야 한다.

$\frac{a}{b} + \frac{c}{d} = \left(\frac{ad+bc}{bd} \right)$이고 정수는 덧셈과 곱셈에 대하여 닫혀 있으므로 bd, $ad+bc$는 모두 정수이며 $bd \neq 0$이다. 따라서 유리수는 덧셈에 대하여 닫혀 있다.

$\frac{a}{b} - \frac{c}{d} = \left(\frac{ad-bc}{bd} \right)$ 역시 마찬가지 이유로 결과는 유리수이며,

$\frac{a}{b} \times \frac{c}{d} = \left(\frac{ac}{bd} \right)$도 유리수다.

나눗셈은 어떤가?

$\dfrac{a}{b} \div \dfrac{c}{d} = \dfrac{a}{b} \times \dfrac{d}{c} = \left(\dfrac{ad}{bc} \right)$ 이므로 성립할 것도 같다. 그러나 단 한 가지 경우가 문제인데 그것은 바로 $c = 0$일 때이다.

사과가 하나도 없는데 세 명이 나누어 먹으려면 몇 개씩 먹을 수 있느냐는 물음에는 하나도 먹을 수 없다($0 \div 3 = 0$)고 대답하면 된다. 그러나 사과가 세 개 있는데 사람이 한 명도 없을 때 몇 개씩 나누어 먹을 수 있느냐는 물음($3 \div 0$)은 무의미한 것이다. 어떤 수를 0으로 나눈다는 것은 문제 자체가 성립하지 않는다.

그러므로 유리수의 나눗셈에서도 다른 때는 그 결과가 항상 유리수가 되지만 0으로 나눌 수는 없다. 그러나 그것은 모든 수에서 마찬가지이므로 나눗셈에 대해서는 0으로 나누는 경우를 제외하고 말하는 것이 보통이다.

정리해 보면, 유리수는 덧셈, 뺄셈, 곱셈, 나눗셈(0으로 나누는 것

은 제외)에 대하여 닫혀 있다.

우리가 일상 생활에서 사용하는 사칙연산이 모두 가능한 유리수가 완성되었을 때 수학자들이 얼마나 기뻐했을지는 능히 짐작할 수 있다. 피타고라스 같은 대($大$)수학자도 "수의 세계는 유리수가 전부다."라고 공언하였다.

그러나 다 아는 바와 같이 그 믿음을 파괴한 사람이 바로 유리수 신봉자인 피타고라스 자신이었다. 그의 위대한 업적인 피타고라스의 정리는 유리수가 아닌 수의 존재를 세상에 알렸다. 그것은 바로 무리수다.

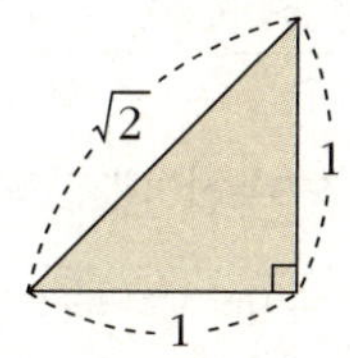

{ 실수 } = { 유리수 } ∪ { 무리수 } 다.

실수의 집합 역시 덧셈, 뺄셈, 곱셈, 나눗셈(0으로 나누는 것은 제외)에 대하여 닫혀 있다.

복소수는 사칙연산에 대하여 닫혀 있는가?

복소수는

$$C = \{ a + bi \mid a, \ b \text{는 실수} \}$$

의 형태를 가지는 수이다.

$b = 0$일 때는($0 \cdot i = 0$으로 약속했으므로) a, 즉 모든 실수를 포함하

는 집합이 된다.

그러면 이 복소수의 집합은 사칙연산에 대하여 닫혀 있는가?

복소수는 새롭게 만들어진 수이므로 사칙연산도 새로 정의되었다.

$$(a+bi)+(c+di)=\underbrace{(a+c)}_{실수}+\underbrace{(b+d)i}_{실수}$$

$$(a+bi)-(c+di)=\underbrace{(a-c)}_{실수}+\underbrace{(b-d)i}_{실수}$$

$$(a+bi)(c+di)=\underbrace{(ac-bd)}_{실수}+\underbrace{(ad+bc)i}_{실수}$$

$$\left(\frac{a+bi}{c+di}\right)=\underbrace{\left(\frac{ac+bd}{c^2+d^2}\right)}_{실수}+\underbrace{\left(\frac{bc-ad}{c^2+d^2}\right)i}_{실수}$$

우리가 복소수에 대하여 약속한 대로라면 복소수의 집합도 사칙연산에 대하여 닫혀 있다(물론 0으로 나누는 것은 제외하고).

수학사에서 가장 위대한 수학자 셋을 꼽는다면 아르키메데스, 뉴턴과 더불어 가우스(Gauss, 1777~1855)를 들 수 있다. 18세기 수학에서 19세기 수학으로의 전환점으로 인정받는 그는 수론, 해석학, 확률론, 기하학, 물리학, 천문학, 이론 천문학, 측지학 등 손대지 않은 분야가 없을 만큼 많은 영역에 걸쳐 커다란 업적을 남겼다.

가우스(1777~1855)

　특히 가우스는 수론(정수론) 연구에 심혈을 기울여, 거의 혼자 힘으로 오늘날 쓰이는 수의 완성된 형태를 만들었다.

　가우스는 독일의 브룬스비크에서 벽돌 만드는 기술자의 아들로 태어났다. 아버지는 그가 자라서 자신과 같은 기술자가 되기를 바랐지만, 그는 일찍부터 수학에 뛰어난 소질을 보였다.

　가우스가 아홉 살 때인 어느 날, 수업 시간에 선생님이 조금 쉬고 싶어서 학생들에게 1에서 40까지를 더하면 얼마가 되는지 계산해 보라고 시켰다. 선생님의 말이 끝난 지 얼마 되지 않아 구석에 있던 한 아이가 손을 들고 820이라고 답을 말하는 것이었다. 그 아이가 바로 가우스였다.

$$
\begin{array}{r}
S = 1 + 2 + 3 + \cdots + 39 + 40 \\
+\ )\ S = 40 + 39 + 38 + \cdots + 2 + 1 \\
\hline
2S = 41 + 41 + 41 + \cdots + 41 + 41
\end{array}
$$

$$= 41 \times 40$$

$$\therefore \ S = \frac{41 \times 40}{2}$$

이것은 고등학교 2학년 때 배우게 되어 있는 등차수열의 합의 원리를 이용한 것이다. 아홉 살의 나이에 순간적으로 이런 방법을 떠올릴 정도로 천재적이었던 가우스의 이 일화는 아주 유명하다.

가우스는 15세 때 카롤린 고등학교에 입학하였는데, 수학에 관한 그 학교의 어느 선생님보다도 앞서 있어서 정수론에 관심을 가지고 혼자 연구하기 시작했다. 그러나 그 고장 영주의 도움으로 괴팅겐 대학에 입학하던 18세 때까지도 평생 수학에 전념할지 말지를 결정하지는 못하였다.

그러다가 19세 때인 1796년, '정17각형의 작도법'을 발견하고 나서야 가우스는 수학에 자신감을 갖게 되었다. 그 결과 그는 대학을

졸업한 이듬해인 1799년에 박사 학위를 받게 되는데, 그때 제출한 논문이, 유명한 대수학의 기본 정리인 '실계수를 가진 대수 방정식은 적어도 한 개의 복소수의 해를 갖는다'를 증명한 것이었다.

이 논문은 논리가 엄밀하고 증명이 생생하여 당시의 수학자들을 놀라게 했다. 그런데 또 하나 주목할 만한 점은 그가 근의 존재에 대하여 언급했다는 점이다. 그때까지는 방정식이 주어지면 우선 답을 구하는 데만 몰두하느라 근이 존재하는지 아닌지에는 생각이 미치지 못했다.

그러나 가우스는 근이 존재한다는 명제 자체를 먼저 의심하였고, 어떤 방법으로 푸느냐는 그 다음 일이라고 생각했다. 이것은 당시로서는 획기적인 생각이었으며, 현대 수학은 그의 이러한 생각을 이어받고 있다.

재미있는 것은 그로부터 25년 지난 1824년, 아벨(Abel, 1802~1829)이라는 젊은 노르웨이 수학자가 '5차 방정식의 일반적인 해법은 없다'는 내용의 중요한 논문을 발표하였다. 가우스의 논문에 따르면 5차 방정식의 해는 분명히 존재하는데, 그 해를 구하는 근의 공식은 없다는 사실을 아벨이 증명한 것이다. 모든 수학자가 근을 구하는 방법에만 몰두해 있을 때 근의 존재 자체를 의심한 아벨의 발상은 가우스의 그것과 통하는 획기적인 발상이었다. 그러나 가우스는 그의 논문을 두고 "이 따위 논문을 쓰다니 참 우습군." 하며 거들떠보지도 않았다고 하니, 참으로 역설적인 일이다.

가우스는 30세 때 신설된 괴팅겐 천문대의 소장과 괴팅겐 대학 교수를 겸임하게 되는데, 그 이후로는 응용 수학 방면에 역점을 두고 연구하였다. 그가 이때에는 수학에 싫증을 느끼고 다른 일을 원해서 천문대 소장 일을 했다는 이야기도 있으나, 어쨌든 그런 상황은 그에게 시간적으로나 육체적으로 커다란 고통이었다. 교수 봉급은 적고 천문대의 시설은 불충분했으며, 조수도 없이 관측과 계산을 혼자 다 해야 한다는 것도 힘든 일이었다. 그러나 그의 냉철하고 성실한 성격은 연구를 게을리하는 것을 용납하지 않았다.

게다가 그는 스스로에게 매우 엄격하고 완벽한 것을 좋아하는 성격이어서, 자신이 만족할 만한 내용이 아니면 발표하지 않았다. 그래서 그가 생전에 발표한 내용은 그의 연구의 일부에 불과하다. 그가 남기고 간 일기장에는 무척이나 많은 연구 결과가 적혀 있었다. 그의 제자와 친구들은 그것을 《가우스 전집》으로 발행하였다.

가우스는 특히 수의 세계에 관심이 많아 근대적인 정수론을 정립하였으며, 복소수에도 관심을 가져 복소수를 좌표평면 위에 나타내는 방법을 생각해 내기도 했다. 그 결과 그때까지 복소수를 단지 실수의 체계에 형식적으로 투입해 사용하던 방식에 새로운 엄밀성을 부여하게 되었으며, 복소수가 하나의 살아 있는 수로서 대접을 받게 되었다.

가우스는 1855년 78세를 일기로 세상을 떠났다. 그의 묘비에는 자신의 유언대로 정17각형이 새겨져 있으며, 국왕이 그를 기려 세운 기념비에는 '수학자의 원수(元首)'라는 말이 새겨져 있다고 한다.

함수의 연산

두 함수 사이에서도 약속으로 정한 사칙연산이나 합성 관계에 대하여 닫혀 있는지 아닌지를 알 수 있다.

함수 합성의 예를 하나 살펴보자.

두 함수 $f(x) = 2x$, $g(x) = x^2 + 1$에서,

$$(f \circ g)(x) = f(g(x)) = f(x^2 + 1) = 2(x^2 + 1)$$

$$(g \circ f)(x) = g(f(x)) = g(2x) = (2x)^2 + 1 = 4x^2 + 1 \text{이다.}$$

f와 g를 실수에서 실수로 가는 함수라 하면 $f \circ g$와 $g \circ f$도 실수에서 실수로 가는 함수가 되며, f와 g를 정수에서 정수로 가는 함수라 하면 $f \circ g$와 $g \circ f$도 정수에서 정수로 가는 함수가 된다. 이처럼 함수의 집합은 합성에 대하여 닫혀 있다.

행렬의 연산

행렬은 모양이 여러 가지이고 덧셈과 뺄셈, 곱셈이 가능한 형태가 다르므로 집합을 선택할 때 주의해야 한다.

여기에서는 간단히 2×2행렬(2차 정사각행렬)에 대해서만 생각해 보자. 원소가 모두 자연수인 2차 정사각행렬의 집합 M이 있다. 이 집합은 덧셈에 대해 닫혀 있는가?

위 집합에 속하는 행렬 A, B가 다음과 같다고 하자.

$$A = \begin{pmatrix} a & b \\ c & d \end{pmatrix}, \qquad B = \begin{pmatrix} e & f \\ g & h \end{pmatrix}$$

그러면

$$A + B = \begin{pmatrix} a+e & b+f \\ c+g & d+h \end{pmatrix}$$

이고, 자연수가 덧셈에 대하여 닫혀 있으므로 A + B는 집합 M의 원소다. 따라서 집합 M은 덧셈에 대하여 닫혀 있다.

뺄셈은 어떤가?

$$A - B = \begin{pmatrix} a-e & b-f \\ c-g & d-h \end{pmatrix}$$

위의 각 원소에서 자연수가 뺄셈에 대하여 닫혀 있지 않으므로 A − B는 반드시 M의 원소라고 말할 수 없다. 따라서 집합 M은 뺄셈에 대하여 닫혀 있지 않다.

곱셈에 대하여는 어떨까?

$$AB = \begin{pmatrix} a & b \\ c & d \end{pmatrix} \begin{pmatrix} e & f \\ g & h \end{pmatrix} = \begin{pmatrix} ae+bg & af+bh \\ ce+dg & cf+dh \end{pmatrix}$$

자연수가 덧셈과 곱셈에 대하여 닫혀 있으므로 AB의 원소들은 모두 자연수이며 결과적으로 집합 M은 곱셈에 대하여 닫혀 있다.

이처럼 원소가 자연수인 행렬의 집합은 덧셈과 곱셈에 대하여는 닫혀 있으나 뺄셈에 대하여는 닫혀 있지 않다. 원소가 정수인 행렬의 집합이라면? 정수가 덧셈, 뺄셈, 곱셈에 대하여 닫혀 있으므로 두 행렬 간의 계산 결과는 모두 정수다. 따라서 이 행렬은 덧셈, 뺄셈, 곱셈에 대하여 닫혀 있다. 원소가 유리수인 행렬도 마찬가지다.

4 교환법칙과 결합법칙

실수에서

일반적으로 교환이란 서로 바꾸는 것을 말하며, 수학에서의 교환이란 연산의 순서를 바꾸는 것을 의미한다. 순서를 바꾸어도 결과가 같으면 '교환법칙이 성립한다'라고 하고, 결과가 다르면 '교환법칙이 성립하지 않는다'라고 한다.

덧셈의 경우를 생각해 보자.

$$2+3=3+2$$

$$(-2)+(-4)=(-4)+(-2)$$

$$\frac{2}{3}+\frac{1}{2}=\frac{1}{2}+\frac{2}{3}$$

$$\sqrt{2}+1=1+\sqrt{2}$$

$$\vdots$$

a, b가 실수일 때, 어느 경우에도 $a+b=b+a$가 성립한다. 곧 실수는 덧셈에 대한 교환법칙이 성립한다.

곱셈에 대해서도 $ab = ba$가 성립하므로 교환법칙이 성립한다.

그러나 뺄셈은 어떠한가? 또 나눗셈은?

$$2 - 3 \neq 3 - 2$$

$$\sqrt{2} - 1 \neq 1 - \sqrt{2}$$

$$2 \div 3 \neq 3 \div 2$$

$$\sqrt{2} \div 1 \neq 1 \div \sqrt{2}$$

이처럼 뺄셈과 나눗셈에서는 순서를 바꾸면 결과가 같지 않다. 그러므로 실수는 뺄셈과 나눗셈에 대하여 교환법칙이 성립하지 않는다.

이번에는 결합법칙에 대해 알아보자. 연산은 기본적으로 두 수 사이에서 이루어진다. 그러나 세 가지 이상의 수를 가지고 계산하려면 어떻게 해야 할까? 한 번에 두 수만 계산할 수 있으므로 순서

를 정해서 차례로 할 수밖에 없다. 이 순서에 대한 규칙이 바로 결합법칙인데, 결합법칙이 성립한다는 것은 어느 쪽을 먼저 계산해도 관계없다는 뜻이다.

예를 들면,

$$(2+3)+4=2+(3+4)$$

에서 등호의 왼쪽은 2와 3을 먼저 더하고 그 결과에 4를 다시 더한다는 뜻이고, 등호의 오른쪽은 3과 4를 먼저 더하고 그 결과를 2에 더한다는 뜻이다. 어느 쪽을 먼저 하든 결과가 같으므로 이때 실수는 덧셈에 대한 결합법칙이 성립한다.

일반적으로 a, b, c가 실수일 때,

$$(a+b)+c=a+(b+c)$$

$$(ab)c=a(bc)$$

이므로 실수는 덧셈과 곱셈에 대한 결합법칙이 성립한다.

실수에서 덧셈과 곱셈에 대한 교환법칙과 결합법칙이 성립한다는 사실은 우리에게 큰 행운이다. 이 법칙들 덕분에 계산이 매우 간단해지기 때문이다.

초등학교 1학년 때의 기억을 더듬어 보자.

처음에는 한 자리 수 1, 2, 3, 4, 5, 6, 7, 8, 9를 배운다. 다음에는 10개짜리 묶음으로 10, 20, 30, 40, 50, 60, 70, 80, 90이라는 수를 익히고, 1에서 99까지의 차례를 배운다.

그 다음에 배우는 것이 10을 분해하는 방법이다.

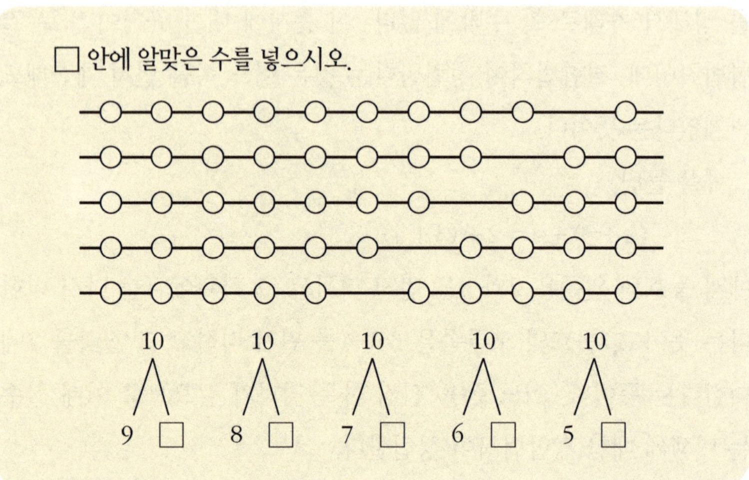

이것을 시작으로 10을 중심으로 한 덧셈과 뺄셈 연습이 나온다.

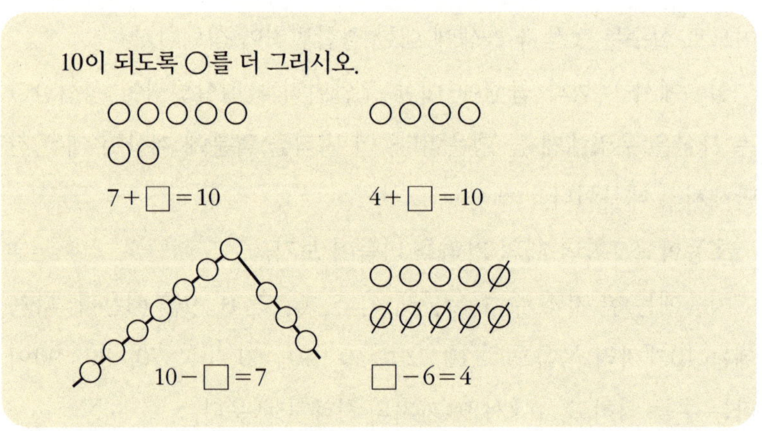

그 뒤에는 두 자리 숫자를 계산하기 위한 연습으로 결합법칙의 예가 소개된다(물론 초등학교 과정이므로 결합법칙이라는 용어는 없지만).

□ 안에 알맞은 수를 넣으시오.

$(3+1)+3=\square+3=\square$

$4+(1+3)=4+4=\square$

$2+3+1=\square$

$5+2+1=\square$

이러한 연습을 한참 더 하고 나면 드디어 10이 넘는 숫자들을 계산하는 방법이 등장한다.

□ 안에 알맞은 수를 넣으시오.

$10+2=\square$ $10+4=\square$

$10+3=\square$ $10+7=\square$

그리고 이런 문제도 곧잘 나온다.

□ 안에 알맞은 수를 넣으시오.

$(7+3)+4=10+4=14$

$$(6+4)+2 = \boxed{}+2 = \boxed{} \qquad (4+6)+7 = 10+\boxed{} = \boxed{}$$

$$(8+2)+3 = \boxed{} \qquad (1+9)+5 = \boxed{}$$

$$(9+1)+8 = \boxed{} \qquad (5+5)+6 = \boxed{}$$

$$(3+7)+9 = \boxed{} \qquad (2+8)+4 = \boxed{}$$

이러한 연습이 끝나야 다음과 같이 진짜 덧셈이 등장한다.

$$
\begin{aligned}
12+3 &= (10+2)+3 \\
&= 10+(2+3) \\
&= 10+5 \\
&= 15
\end{aligned}
\qquad
\begin{aligned}
4+12 &= 4+(2+10) \\
&= (4+2)+10 \\
&= 6+10 \\
&= 16
\end{aligned}
$$

$$
\begin{aligned}
16-4 &= (10+6)-4 \\
&= 10+(6-4) \\
&= 10+2 \\
&= 12
\end{aligned}
\qquad
\begin{aligned}
16-6 &= (10+6)-6 \\
&= 10+(6-6) \\
&= 10+0 \\
&= 10
\end{aligned}
$$

　이러한 계산이 지금 우리에게는 아주 쉽지만, 이것도 처음에는 위에서 본 것처럼 단위수인 10을 중심으로 결합법칙을 적절히 활용하는 방법을 배워서 한 것이다. 그때도 산수가 몹시 어려웠음을 떠올려 보면, 우리는 그때그때 맞는 수준의 결합법칙을 배워 가는 것 같다. 고등학교 과정에 새로 나오는 결합법칙은 또 그만큼 어려우니까.

　발전된 결합법칙의 구체적인 예는 뒤에서 보기로 하고, 여기에서는 교환법칙과 결합법칙이 성립하여 계산이 간단해짐으로써 생겨난 몇 가지 공식을 살펴보자.

$$(a+b)^2 = (a+b)(a+b)$$
$$= a^2 + (ab+ba) + b^2 \qquad \leftarrow \text{결합법칙}$$
$$= a^2 + 2ab + b^2 \qquad \leftarrow \text{교환법칙}(ab=ba)$$
$$(a+b)(a-b) = a^2 - (ab+ba) - b^2$$
$$= a^2 - b^2 \qquad \leftarrow \text{교환법칙, 결합법칙}$$

이러한 곱셈 공식은 모두 교환법칙이 성립하기에 가능한 것으로, 만일 교환법칙이 성립하지 않았다면 간단히 정리되지 않았을 것이다. 뒤에서 볼 행렬에서 그런 예가 등장한다.

함수에서

두 함수로도 여러 연산을 할 수 있지만 여기에서는 합성함수에 대해서만 생각해 보자.

다음과 같은 두 함수 f, g가 있다.

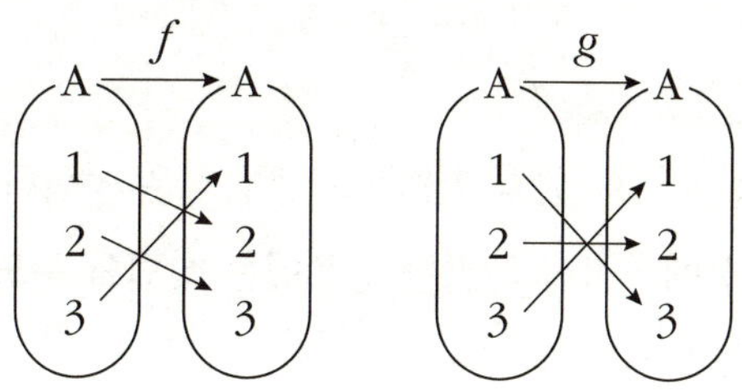

이 두 함수를 합성할 때 순서를 바꾸어서 해 보자.

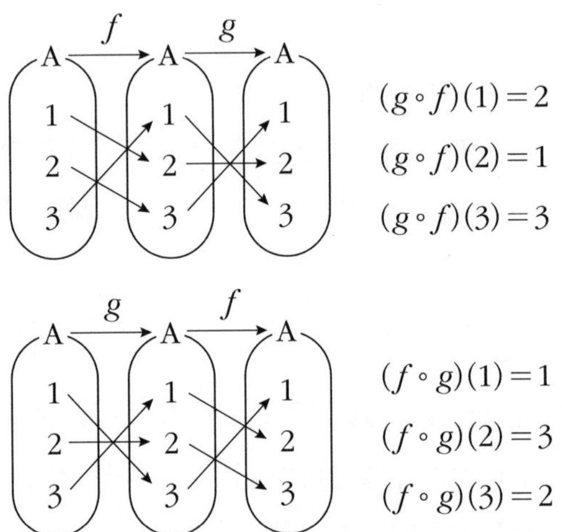

아주 간단한 함수의 예를 들어 보았지만, 서로의 순서를 바꾼 합성합수 $f \circ g$와 $g \circ f$의 값이 같지 않았다. 이것은 합성함수에서 교환법칙이 성립하지 않는다는 반례가 된다.

식으로도 예를 들어 보자.

$$f(x) = x + 2, \ g(x) = x^2 \text{이라 할 때,}$$
$$(f \circ g)(x) = f(g(x)) = f(x^2) = x^2 + 2$$
$$(g \circ f)(x) = g(f(x)) = g(x + 2) = (x + 2)^2$$
$$= x^2 + 4x + 4$$
$$\therefore \ f \circ g \neq g \circ f$$

이처럼 일반적으로 합성함수의 교환법칙은 성립하지 않는다. 하지만 다음 연산에서처럼 특별한 경우에는 성립할 수도 있다.

다음 문제를 보자.

함수 $f(x)=2x+3$, $g(x)=3x+a$일 때 $f\circ g=g\circ f$가 되도록 상수 a
의 값을 정하여라.

$$(f\circ g)(x)=f(3x+a)=2(3x+a)+3=6x+2a+3$$
$$(g\circ f)(x)=g(2x+3)=3(2x+3)+a=6x+9+a$$
$(f\circ g)(x)=(g\circ f)(x)$가 성립하려면
$$6x+2a+3=6x+9+a$$
$$2a+3=9+a$$
$$\therefore\ a=6$$

위의 두 함수 $f(x)=2x+3$, $g(x)=3x+a$는 보통 때에는 $f\circ g\neq g\circ f$이지만, $a=6$인 경우, 다시 말해 $f(x)=2x+3$, $g(x)=3x+6$인 경우에는 교환법칙이 성립한다.

이제 결합법칙에 대하여 생각해 보자. 함수의 합성에서는 일반적으로 다음과 같이 결합법칙이 성립함이 증명되었다.

$$(f\circ g)\circ h=f\circ(g\circ h)$$

세 함수 $f(x)=2x$, $g(x)=x-1$, $h(x)=4x+3$에 대하여 그 결과를 비교해 보자.

$$(f\circ g)(x)=f(g(x))=f(x-1)=2(x-1)=2x-2$$
$$(f\circ g)(h(x))=(f\circ g)(4x+3)=2(4x+3)-2=8x+4$$
$$(g\circ h)(x)=g(h(x))=g(4x+3)=4x+3-1=4x+2$$
$$[f\circ(g\circ h)](x)=f[(g\circ h)(x)]=f(4x+2)$$
$$=2(4x+2)=8x+4$$
$$\therefore\ (f\circ g)\circ h=f\circ(g\circ h)$$

합성함수에서 교환법칙은 성립하지 않지만 결합법칙이 성립한다
는 것은 우리에게 여간 다행이 아니다. 그나마 계산을 간편하게 하
는 데 큰 도움이 되니까.

아래 문제를 보자.

> $h \circ g(x) = 2x + 1$, $f(x) = -x + a$일 때 $[h \circ (g \circ f)](x) = bx + 3$이
> 다. 이때 a, b의 값을 구하여라.
>
> 이 문제에서는 $h \circ g$라는 합성함수, g와 f를 먼저 합성한 $h \circ (g \circ f)$
> 만이 단서로 주어질 뿐, 함수 h나 g가 나타나 있지 않다. 그러나 우리
> 에게는 결합법칙이라는 강력한 무기가 있다.
>
> $$[h \circ (g \circ f)](x) = [(h \circ g) \circ f](x)$$

$$= (h \circ g)(-x + a)$$
$$= 2(-x + a) + 1$$
$$= -2x + 2a + 1$$

$-2x + 2a + 1 = bx + 3$이므로

$-2 = b, \ 2a + 1 = 3$

$a = 1$

$\therefore \ a = 1, \ b = -2$

만약 결합법칙이 성립하지 않았다면 h와 g를 각각 알지 않고는 문제를 해결할 수가 없으므로 위의 문제를 풀 수 없었을 것이다. 결합법칙이 성립한 덕택에 적은 단서를 가지고도 문제를 해결할 수 있었다.

행렬에서

두 행렬 사이에서는 덧셈, 뺄셈, 곱셈이 가능하다(물론 조건이 다르지만).

여기서는 대표적으로 2차 정사각행렬의 예를 들어 보겠다.

두 행렬 A, B를

$$A = \begin{pmatrix} a & b \\ c & d \end{pmatrix}, \quad B = \begin{pmatrix} e & f \\ g & h \end{pmatrix} \text{라 하자.}$$

$$A+B=\begin{pmatrix} a+e & b+f \\ c+g & d+h \end{pmatrix}, \quad B+A=\begin{pmatrix} e+a & f+b \\ g+c & h+d \end{pmatrix}$$

이고, 실수는 덧셈에 대해 교환법칙이 성립하므로 $A+B=B+A$이다. 다시 말해 행렬에서 덧셈에 대한 교환법칙이 성립한다.

뺄셈은 어떠한가? 대부분의 사람들이 그 결과를 짐작하리라.

$$A-B=\begin{pmatrix} a-e & b-f \\ c-g & d-h \end{pmatrix}, \quad B-A=\begin{pmatrix} e-a & f-b \\ g-c & h-d \end{pmatrix}$$

이고, 실수는 뺄셈에 대해 교환법칙이 성립하지 않으므로 행렬에서도 뺄셈에 대한 교환법칙이 성립하지 않는다.

곱셈은 어떨까?

$$AB=\begin{pmatrix} a & b \\ c & d \end{pmatrix}\begin{pmatrix} e & f \\ g & h \end{pmatrix}=\begin{pmatrix} ae+bg & af+bh \\ ce+dg & cf+dh \end{pmatrix}$$

$$BA=\begin{pmatrix} e & f \\ g & h \end{pmatrix}\begin{pmatrix} a & b \\ c & d \end{pmatrix}=\begin{pmatrix} ae+cf & be+df \\ ag+ch & bg+dh \end{pmatrix}$$

위의 결과를 보면 $AB \neq BA$이다. 따라서 행렬에서 곱셈에 대한 교환법칙은 성립하지 않는다. 물론 이것은 일반적인 경우이며 특수한 경우에는 성립할 수도 있다. 다음 문제를 보자.

$A=\begin{pmatrix} 1 & 2 \\ 2 & 3 \end{pmatrix}$, $B=\begin{pmatrix} 1 & 4 \\ a & b \end{pmatrix}$일 때 $AB=BA$가 성립하기 위한

a, b의 값을 구하여라.

$$AB=\begin{pmatrix} 1 & 2 \\ 2 & 3 \end{pmatrix}\begin{pmatrix} 1 & 4 \\ a & b \end{pmatrix}=\begin{pmatrix} 1+2a & 4+2b \\ 2+3a & 8+3b \end{pmatrix}$$

$$BA = \begin{pmatrix} 1 & 4 \\ a & b \end{pmatrix} \begin{pmatrix} 1 & 2 \\ 2 & 3 \end{pmatrix} = \begin{pmatrix} 1+8 & 2+12 \\ a+2b & 2a+3b \end{pmatrix}$$

AB＝BA이므로 $1+2a=9, \quad 4+2b=14$

$\therefore \ a=4, \ b=5$

위 문제는 교환법칙이 성립하는 특수한 행렬 A, B에 관한 것이다. 그러면 어떤 행렬과 곱해도 항상 교환법칙이 성립하는 특수한 행렬이 있을까 하는 의문이 생기지 않는가(생기지 않는다고 대답하지는 말기 바란다. 호기심이나 궁금증은 발전의 원동력이니까)?

$\begin{pmatrix} 1 & 0 \\ 0 & 1 \end{pmatrix}$과 같은 모양의 행렬은 어떤 2×2행렬과 곱해도 교환법칙이 성립한다.

그러나 역시 일반적으로는 행렬의 곱셈에서 교환법칙이 성립하

지 않으므로 곤란한 일들이 벌어진다. 실수에서는 성립했던 공식들이 행렬에서는 성립하지 않는 경우가 많이 생기기 때문이다.

예를 들어 $(a+b)^2 = a^2 + 2ab + b^2$이라는 공식을 기억할 것이다.

A, B를 행렬이라고 하면,

$$(A+B)^2 = (A+B)(A+B)$$
$$= A^2 + AB + BA + B^2$$

행렬에서는 $AB \neq BA$이므로 더 이상 공식을 줄일 수 없다.

또 $(A+B)(A-B) = A^2 - AB + BA - B^2$ 역시 더 이상 손댈 수 없다(실수에서는 $ab = ba$이므로 $(a+b)(a-b) = a^2 - b^2$이었다).

또 이런 것도 있다. a, b가 실수일 때는

$$(ab)^2 = abab = aabb = a^2 b^2$$

이라고 쓸 수 있었다. 그러나 행렬에서는 $AB \neq BA$이므로

$$(AB)^2 = ABAB \neq A^2 B^2$이 된다.$$

이 밖에도 우리가 아는 여러 가지 곱셈 공식이 행렬에서는 성립하지 않는다. 곱셈의 교환법칙이 성립하지 않는다는 간단한 사실이 많은 공식을 헛되게 만들 수 있다는 점이 참 흥미롭다.

아래 문제를 풀어 보자.

A, B를 2×2행렬이라고 할 때, $(A+B)^2 - (A-B)^2$을 간단히 정리하여라.

$$(A+B)^2 - (A-B)^2 = (A+B)(A+B) - (A-B)(A-B)$$
$$= A^2 + AB + BA + B^2 - (A^2 - AB - BA + B^2)$$
$$= 2AB + 2BA$$

위의 답을 '4AB'라고 쓰지 않도록 주의해야 한다. 이러한 일은 실수의 세계에서는 맛볼 수 없는 전혀 색다른 경험이다.

그러나 결합법칙은 실수에서나 합성함수에서나 행렬에서나 모두 성립한다.

$$(A+B)+C=A+(B+C)$$

$$(AB)C=A(BC)$$

교환법칙이 성립하지 않아 새롭지만 귀찮은 일이 생겼는데, 그나마 결합법칙이 성립한다는 것은 무척 다행이다.

5 항등원

우리는 앞에서 실수라는 집합은 사칙연산에 대하여 닫혀 있고, 덧셈과 곱셈에 대하여 교환법칙과 결합법칙이 성립한다는 사실을 배웠다.

이제 새로운 개념을 소개할까 한다.

실수의 집합에 속한 모든 원소 a에 대하여,

$$a*e=e*a=a$$

를 만족하는 수 e가 실수의 집합 안에 있으면 이 e를 연산 $*$에 대한 **항등원**이라고 한다. 풀어서 말하면 항등원 e는 모든 원소와 연산했을 때 교환법칙이 성립하며, 연산의 결과가 바로 그 원소 자신이 되게 만드는 그런 수다.

특히 교환법칙이 성립해야 한다는 조건이 있다는 데 주목하자. 교환법칙이 성립하지 않는 연산에 대해서는 항등원을 생각할 필요가 없다. 예컨대 실수에서 뺄셈이나 나눗셈에 대한 항등원은 논할

필요가 없다.

그럼 덧셈부터 시작해 보자.

모든 실수 a에 대하여 $a+e=e+a=a$가 되는 실수 e가 있는가? 이건 너무 쉽다. 바로 0이다. 따라서 0은 실수의 덧셈에 대한 항등원이다('덧셈에 대한'이라는 말을 빠뜨리지 말자. 다른 연산에서는 항등원이 달라지니까).

곱셈도 알아보자.

$$a \times e = e \times a = a$$

a가 어떤 실수여도 $e=1$이면 위의 식이 성립한다. 그러므로 실수의 곱셈에 대한 항등원은 1이다.

실수에서의 항등원은 아주 쉽게 해결되었다. 이보다 더 넓은 복소수에서는 어떨까 슬슬 궁금해지기 시작했을 것이다. 복소수의 집합에서 덧셈에 대한 항등원은 무엇일까?

항등원을 $x+yi$(x, y는 실수)라 하면, 이것이 모든 복소수 $a+bi$(a, b는 실수)에 대하여

$$(a+bi)+(x+yi)=(x+yi)+(a+bi)=a+bi$$

를 만족시켜야 한다. 위의 식을 풀면 $x+yi=0$이다.

곱셈에 대한 항등원도 구해 보자. $(a+bi)\times(x+yi)=(x+yi)\times(a+bi)=a+bi$를 풀면 $x=1$, $y=0$이 되므로 $x+yi=1$이다.

그러므로 복소수의 집합에서도 실수의 집합에서와 마찬가지로 덧셈에 대한 항등원은 0, 곱셈에 대한 항등원은 1이다.

함수에서

여기 특이한 함수가 하나 있다.

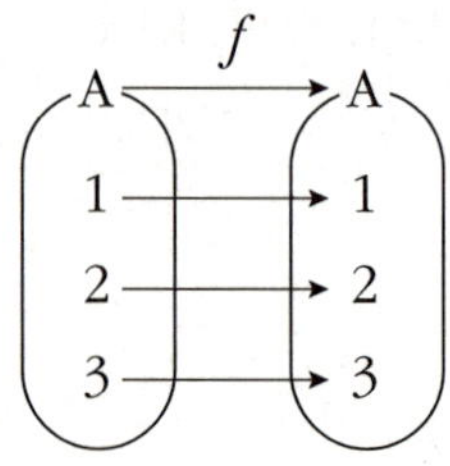

이 함수는 정의역의 모든 원소를 자기 자신으로 보내 버리기 때문에 하나마나한 함수다. 이 함수에 다른 함수를 합성해 보자.

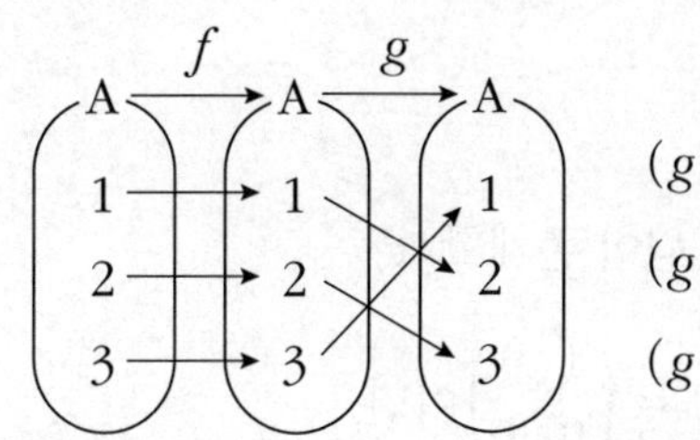

$(g \circ f)(1)=2, \ g(1)=2$

$(g \circ f)(2)=3, \ g(2)=3$

$(g \circ f)(3)=1, \ g(3)=1$

여기서 f는 자기 자신으로 가는 함수이므로 어떤 함수와 합성해도 아무런 변화가 없다.

$$f \circ g = g \circ f = g$$

바로 이 함수 f가 함수의 합성에서의 항등원이며, 기호로는 I로 표시한다.

$$I \circ g = g \circ I = g$$

이 I는 함수에서의 항등원이므로 **항등함수**라고 부른다. 식으로 쓰면 항등함수 I는 $I(x)=x$이다.

예를 들어 $f(x)=2x+1$이라 할 때,

$$(f \circ I)(x) = f(I(x)) = f(x) = 2x+1 = f(x)$$

$$(I \circ f)(x) = I(f(x)) = I(2x+1) = 2x+1 = f(x)$$

가 된다.

이 항등함수 I는 몇 번을 합성해도 항상 자신이 된다.

$$I \circ I = I$$

$$I \circ I \circ I \circ \cdots \circ I = I$$

행렬의 곱셈에서도 항등원이 존재할까?

$$A = \begin{pmatrix} a & b \\ c & d \end{pmatrix}, \quad E = \begin{pmatrix} 1 & 0 \\ 0 & 1 \end{pmatrix} 이면,$$

$$AE = \begin{pmatrix} a & b \\ c & d \end{pmatrix}\begin{pmatrix} 1 & 0 \\ 0 & 1 \end{pmatrix} = \begin{pmatrix} a & b \\ c & d \end{pmatrix} = A$$

$$EA = \begin{pmatrix} 1 & 0 \\ 0 & 1 \end{pmatrix}\begin{pmatrix} a & b \\ c & d \end{pmatrix} = \begin{pmatrix} a & b \\ c & d \end{pmatrix} = A$$

가 된다. 다시 말해 $AE = EA = A$가 성립한다. 그러므로 2차 정사각행렬에서의 항등원은 E이다.

일반적으로 정사각행렬에서 곱셈에 대한 항등원은 다음과 같다.

$$(1), \quad \begin{pmatrix} 1 & 0 \\ 0 & 1 \end{pmatrix}, \quad \begin{pmatrix} 1 & 0 & 0 \\ 0 & 1 & 0 \\ 0 & 0 & 1 \end{pmatrix}, \quad \begin{pmatrix} 1 & 0 & 0 & 0 \\ 0 & 1 & 0 & 0 \\ 0 & 0 & 1 & 0 \\ 0 & 0 & 0 & 1 \end{pmatrix}, \quad \cdots$$

이것들은 모두 행렬의 원소가 오른쪽 대각선 방향으로만 1이고 나머지 원소는 0인 공통점이 있다. 이 행렬들을 **단위행렬**이라고 하며, 보통 E로 나타낸다(이것도 함수에서처럼 항등행렬이라 부르면 훨씬 더 기억하기 좋았을 텐데 하는 아쉬움이 남지만, 곱셈이기에 '단위'라는 이름이 붙은 것 같다. 실수에서 곱셈에 대한 항등원 1이 단위이듯이).

함수에서처럼 이 단위행렬 역시 몇 번을 곱해도 항상 자기 자신이 된다.

$$E \cdot E = E^2 = E$$

$$\underbrace{E \cdot E \cdot \cdots \cdot E}_{n\text{개}} = E^n = E$$

앞에서 우리가 얻은 결론을 간단히 정리하면 다음과 같다.

$$\begin{cases} 0+0+ \cdots +0=0 \\ 1 \times 1 \times 1 \times \cdots \times 1 = 1 \\ I \circ I \circ I \circ \cdots \circ I = I \\ E \cdot E \cdot \cdots \cdot E = E \end{cases}$$

6 역원

실수에서

이제 긴 여정의 마지막 단계에 들어섰다. 조금만 더 힘을 내자.

실수에서 덧셈에 대한 항등원은 0이었다. 이때 어떤 실수 a에 대하여,

$$a+x=x+a=0$$

이 되는 수 x가 실수 중에 존재하면 이 x를 a의 덧셈에 대한 **역원**이라고 한다. 다시 말해 어떤 수와 연산했을 때(물론 교환법칙이 성립하는 경우에) 항등원이 나오는 수가 역원이다. 위의 경우 $x=-a$이고 이것은 실수이므로 a의 덧셈에 대한 역원은 $-a$〔이것을 a의 반수(反數)라고 한다〕이다.

그러면 곱셈에 대한 역원은 무엇일까?

$$a \times x = x \times a = 1$$

$x=\dfrac{1}{a}$이므로 a의 곱셈에 대한 역원은 $\dfrac{1}{a}$이다(이것을 a의 역수라고 한다). 그러나 a가 0인 경우에는 $\dfrac{1}{a}$이 존재하지 않으므로 0의 곱

셈에 대한 역원은 없다(따라서 항상 역원이 존재하는 것은 아니다).

$x+3=5$를 계산해 보자.

양변에 3의 덧셈에 대한 역원을 더하면,

$$x+\{3+(-3)\}=5+(-3) \quad \leftarrow 결합법칙$$

$$x+0=2 \quad \leftarrow 역원$$

$$x=2 \quad \leftarrow 항등원$$

$2x=1$도 마찬가지다.

$$\left(\frac{1}{2}\times 2\right)\times x=1\times\frac{1}{2} \quad \leftarrow 2의 역원 \frac{1}{2}, 결합법칙$$

$$1\times x=\frac{1}{2} \quad \leftarrow 역원$$

$$x=\frac{1}{2} \quad \leftarrow 1은 항등원$$

우리가 손쉽게 척척 해내는 계산도 사실은 모두 위의 단계를 거친 연습으로 숙달되었기 때문에 가능한 것이다.

합성함수에서도 같은 이야기를 할 수 있다. 어떤 함수 f에 대하여

$$f \circ g = g \circ f = I$$

를 만족시키는 함수 g가 존재할 때 이 g를 f의 **역함수**라 하고,

$$g = f^{-1}(\text{inverse } f)$$라고 쓴다.

역함수는 말 그대로 거꾸로 가는 함수를 뜻한다.

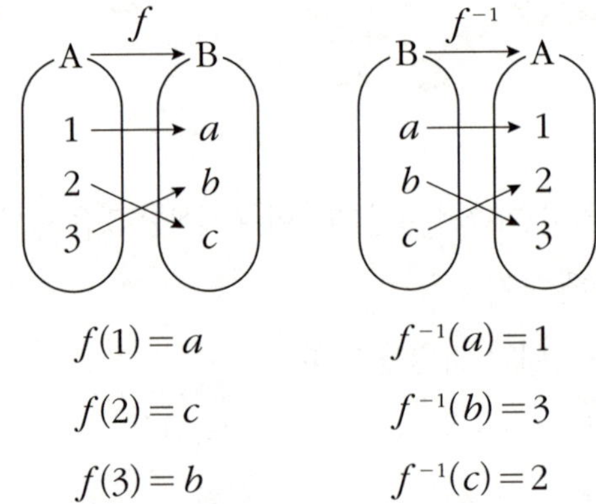

$$f(1) = a \qquad f^{-1}(a) = 1$$
$$f(2) = c \qquad f^{-1}(b) = 3$$
$$f(3) = b \qquad f^{-1}(c) = 2$$

간단히 설명하면,

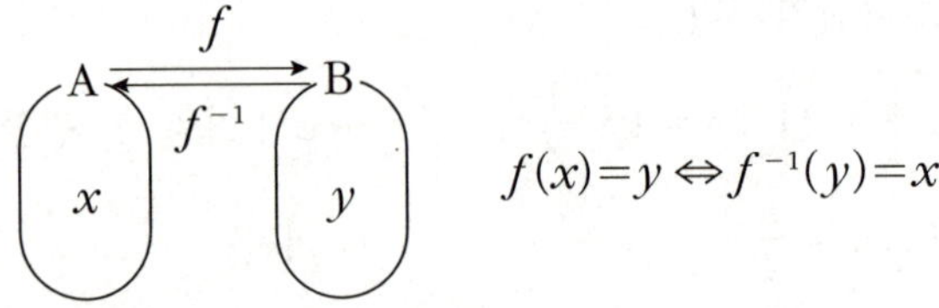

$$f(x) = y \Leftrightarrow f^{-1}(y) = x$$

이고, 역함수란 x와 y를 바꾼 것이다.

예를 들면 $y = x - 1$의 역함수는 x와 y를 바꾸어 $x = y - 1$이다.

그런데 함수는 보통 $y = \cdots$의 꼴로 나타내므로 답을 쓸 때는 정리

하여 $y=x+1$이라고 쓴다.

다음 문제를 보자.

f, g의 역함수가 존재한다고 할 때, $f \circ h = g$를 만족시키는 함수 h를 구하여라.

$$f \circ h = g$$

$$f^{-1} \circ f \circ h = f^{-1} \circ g \qquad \text{(양 변에 } f^{-1}\text{를 합성한다)}$$

$$(f^{-1} \circ f) \circ h = f^{-1} \circ g \qquad \text{(결합법칙)}$$

$$I \circ h = f^{-1} \circ g \qquad (f^{-1} \circ f = I)$$

$$\therefore \ h = f^{-1} \circ g \qquad \text{(I는 항등원)}$$

위 문제를 푸는 첫 번째 단계에서 양 변에 f^{-1}를 쓸 때는 똑같이 양 변의 앞쪽에 쓰도록 주의해야 한다. 왜냐하면 합성함수에서는 교환법칙이 성립하지 않기 때문이다.

행렬에서

행렬의 곱셈에서의 역원(역행렬)은 어떤 형태일까?

$$A = \begin{pmatrix} a & b \\ c & d \end{pmatrix}, \quad X = \begin{pmatrix} x & y \\ z & u \end{pmatrix} \text{라 할 때,}$$

$$AX = XA = E$$

를 만족시키는 X를 구하면 다음과 같은 꼴이 나온다.

$$X = \frac{1}{ad-bc}\begin{pmatrix} d & -b \\ -c & a \end{pmatrix}$$

이 X를 A의 역행렬이라 하며 A^{-1}이라고 쓴다. 물론 이때 $ad-bc=0$이면 역행렬이 존재하지 않는다.

예를 들어,

$$A = \begin{pmatrix} 1 & 3 \\ 2 & 6 \end{pmatrix}$$ 이면

$1 \cdot 6 - 3 \cdot 2 = 0$이므로 A^{-1}은 존재하지 않는다.

$$A = \begin{pmatrix} 1 & 2 \\ 3 & 4 \end{pmatrix}$$ 이면 $A^{-1} = \dfrac{1}{2}\begin{pmatrix} 4 & -2 \\ -3 & 1 \end{pmatrix}$ 이다.

함수의 경우와 비교하면서 다음 문제를 보자.

행렬 A, B의 역행렬이 존재할 때, AX=B를 만족하는 행렬 X를 구하여라.

$AX = B$

$A^{-1}AX = A^{-1}B$ (양변에 A^{-1}를 곱한다)

$(A^{-1}A)X = A^{-1}B$ (결합법칙)

$EX = A^{-1}B$ ($A^{-1}A = E$: 단위행렬)

$\therefore\ X = A^{-1}B$ (E는 항등원)

행렬도 함수에서와 마찬가지로 교환법칙이 성립하지 않으므로 양 변에 A^{-1}를 곱할 때 반드시 같은 쪽에 곱하도록 주의해야 한다.

우리는 앞에서 이원일차 연립방정식과 행렬의 관계를 살펴보았다.

$$\begin{cases} ax+by=c \\ dx+ey=f \end{cases} \Leftrightarrow \begin{pmatrix} a & b \\ d & e \end{pmatrix}\begin{pmatrix} x \\ y \end{pmatrix} = \begin{pmatrix} c \\ f \end{pmatrix}$$

이제 두 개의 이원일차 연립방정식을 방정식과 행렬에 의한 풀이로 비교해 가며 풀어 보자.

$$\begin{cases} 2x-y=1 \; — \; ① \\ 4x-2y=2 \; — \; ② \end{cases} \Leftrightarrow \underset{A}{\begin{pmatrix} 2 & -1 \\ 4 & -2 \end{pmatrix}}\; \underset{X}{\begin{pmatrix} x \\ y \end{pmatrix}} = \underset{B}{\begin{pmatrix} 1 \\ 2 \end{pmatrix}}$$

$① \times 2 - ②$

$$\begin{aligned} 4x-2y&=2 \\ -\,)\;4x-2y&=2 \\ \hline 0\cdot x&=0 \end{aligned}$$

x는 무수히 많다.

y도 무수히 많다.

$\therefore$ 부정

$A = \begin{pmatrix} 2 & -1 \\ 4 & -2 \end{pmatrix}$ 일 때

$2-(-2)-(-1)\cdot 4=0$

이므로 A^{-1}이 존재하지 않는다.

따라서 $X=A^{-1}B$와 같이 나타낼 수 없으므로 왼쪽에서처럼 방정식으로 풀어야 한다.

$$\begin{cases} 2x-3y=2 \; — \; ① \\ 4x-2y=3 \; — \; ② \end{cases} \Leftrightarrow \underset{A}{\begin{pmatrix} 2 & -3 \\ 4 & -2 \end{pmatrix}}\; \underset{X}{\begin{pmatrix} x \\ y \end{pmatrix}} = \underset{B}{\begin{pmatrix} 2 \\ 3 \end{pmatrix}}$$

$① \times 2 - ②$

$$\begin{aligned} 4x-6y&=4 \\ -\,)\;4x-2y&=3 \\ \hline -4y&=1 \\ y&=-\frac{1}{4} \\ x&=\frac{5}{8} \end{aligned}$$

$AX=B$

$(A^{-1}A)X=A^{-1}B$

$X=A^{-1}B$

$$\begin{aligned} &= \frac{1}{8}\begin{pmatrix} -2 & 3 \\ -4 & 2 \end{pmatrix}\begin{pmatrix} 2 \\ 3 \end{pmatrix} \\ &= \frac{1}{8}\begin{pmatrix} 5 \\ -2 \end{pmatrix} \\ &= \begin{pmatrix} \dfrac{5}{8} \\ -\dfrac{1}{4} \end{pmatrix} \quad \therefore x=\frac{5}{8},\; y=-\frac{1}{4} \end{aligned}$$

지금까지 아주 긴 얘기를 장황하게 늘어놓았다. 이제 우리는 실수, 복소수, 여러 가지 집합, 함수, 행렬이 전혀 다른 것 같지만 모두 같은 구조로 되어 있음을 알았다. 이처럼 서로 다른 대상에 대하여 공통적인 구조로 접근하는 것이 현대 수학의 한 모습이다.

실생활에서 만난 함수

1 일차함수

비례

　1개에 500원 하는 아이스크림을 1개 사면 500원, 2개 사면 1000원, 3개 사면 1500원을 지불해야 한다는 것은 누구나 쉽게 계산할 수 있다.

　아이스크림의 개수와 지불해야 할 금액 사이의 변화를 그림으로 나타내 보자.

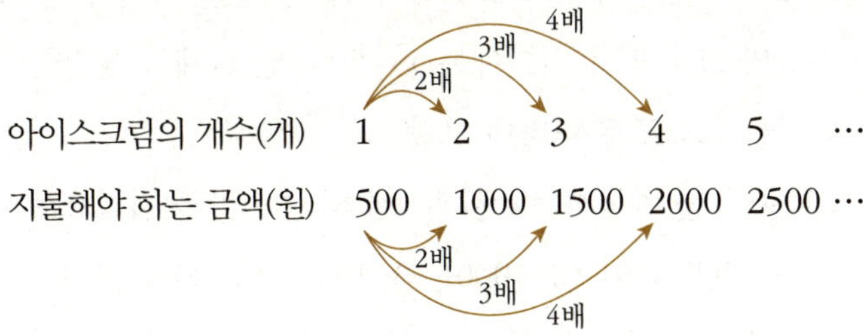

　위에서 보는 바와 같이 아이스크림의 개수가 1개의 2배, 3배, 4배가 됨에 따라 금액도 500원의 2배, 3배, 4배로 변한다.

이와 같이 대응하여 변하는 두 양 x와 y에서 한쪽의 양 x가 2배, 3배, 4배, …로 변함에 따라 다른 쪽의 양 y도 2배, 3배, 4배, …가 되는 관계가 있을 때, 'y는 x에 정비례한다'라고 한다. 이 관계를 식으로 나타내면 $y=ax(a \neq 0)$이 되어, 위의 예에서 아이스크림의 개수 x와 그 금액 y 사이에는 $y=500x$인 관계가 성립한다.

이것을 그래프로 나타내 보자.

$y=500x$를 만족하는 x값과 y값의 순서쌍을 집합으로 나타내면

$$\{(1, 500), (2, 1000), (3, 1500), (4, 2000), \cdots\}$$

이고, 이 순서쌍을 좌표평면 위에 점으로 표시하면 다음 그림과 같다.

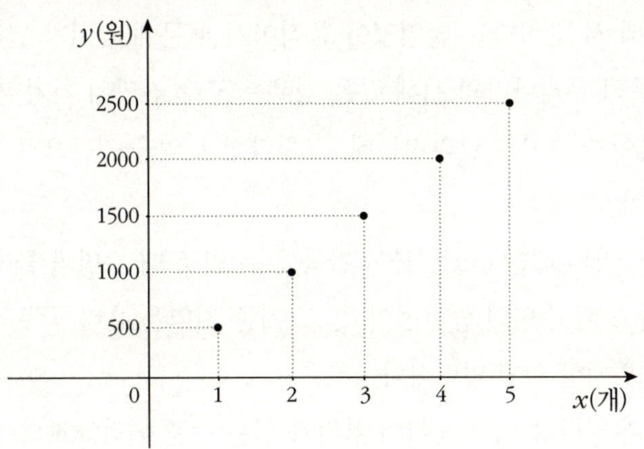

산의 높이와 기온 변화

   지구에서 가장 높은 산은 해발 8848m에 이르는 에베레스트 산이다. 8848m 앞에 '해발'이 꼭 붙는 이유는 바다를 기준으로 했을 때의 높이이기 때문이다. 그렇다면 다른 기준도 있다는 말인가?

   다른 기준 중 하나로 산의 뿌리, 즉 바다의 지면을 기준으로 높이를 재는 방법이 있다. 이 방법에 의하면 해발 4205m인 미국 하와이 섬의 마우나케아 산이 9000m를 넘겨 세계 최고봉이 된다. 또 지구의 중심에서부터 재기도 하는데, 이 방법에 의하면 해발 6310m인 남아메리카 에콰도르의 침보라소 화산이 가장 높은 산이 된다.

   그러나 위의 두 방법처럼 보이지 않는 곳을 기준으로 하기보다는 우리 눈에 드러나 보이는 바다 위의 높이를 재는 것이 더 합리적이므로 산의 높이를 말할 때는 '해발'을 가장 많이 쓴다.

그런데 사실 바다는 끊임없이 움직이기 때문에 높이가 달라지곤 한다. 특히 우리나라의 서해 같은 경우는 조수 간만의 차가 커서 바다의 높이가 수시로 달라지는데, 그렇다면 무엇을 기준으로 해발을 정했을까?

우리나라의 해발 0m는 물이 가득 차는 만조 때 수면과 물이 밀려 나간 간조 때 수면의 중간선이고, 그 기준 지역은 우리 국토의 중간 위도에 위치한 인천 앞바다다.

현재 우리나라 해발 높이의 뿌리가 되는 수준 원점(水準原點)은 인천광역시에 있는 인하공업전문대학 안에 있으며 그곳의 높이는 해발 26.6871m다. 따라서 특정 지형의 높이를 정확히 알고 싶으면 고도계를 가지고 그곳에 가서 해발 높이를 맞추면 된다.

백두산의 높이는 우리나라의 이 기준에 따르면 2744m지만, 북한은 원산 앞바다 수면을, 중국은 톈진 앞바다 수면을 수준 원점으로 하기 때문에 이들 기준에 따른 백두산의 높이는 각각 2750m, 2749.2m다.

이제 본론으로 들어가자. 우리 같은 평범한 사람들이 에베레스트에 직접 갈 수는 없지만 사진으로 보는 그곳은 항상 하얀 눈을 머리에 쓰고 있는 모습이다. 산악 열차로도 올라갈 수 있는 스위스의 융프라우 같은 봉우리도 한여름까지 눈에 덮인 모습을 볼 수 있다.

그렇다면 산 아래에서는 소매 없는 옷을 입고 다니는 한여름에 산꼭대기의 온도는 얼마나 될까? 일반적으로 산에서는 고도가 100m 높아질 때마다 기온이 0.6℃가량씩 낮아진다고 알려져 있다. 산의 고도가 1km 높아질 때마다 6℃가 낮아지는 셈이다.

예를 들어 산 아래 지역이 해발 200m이고 현재 기온이 20℃라

면, 해발 4200m인 산꼭대기는 산 아래 지역보다 4km가 높으므로 기온은 24℃가 더 낮은 −4℃가 된다. 따라서 눈이 녹지 않고 남아 있을 수밖에 없다.

그렇다면 해발 8848m인 에베레스트 산 정상은 기온이 얼마나 될까? 8848×6＝53이므로 해발 0m인 곳의 기온과 비교하면 약 53℃가 낮고, 해발 1000m인 곳과 비교해도 약 47℃가 낮다. 우리가 여름에 더워서 견디기 힘들다고 생각하는 기온이 30℃ 정도인데, 그때에도 에베레스트 산 꼭대기는 얼어 죽을 정도이니 그 높이를 짐작조차 하기 어렵다.

그러나 남한에서 가장 높은 산인 한라산은 해발 1950m로, 해발 0m와의 기온차가 11.7℃에 지나지 않는다. 그래서 한라산에서는 만년설을 볼 수 없는 것이다.

산의 높이와 기온의 관계를 함수식으로 나타내 보자.

산의 높이를 hm, 해발 0m의 현재 기온을 20℃, 산꼭대기의 현재 기온을 y℃라 하면, y는 x보다 $0.006 \times h$(℃)만큼 낮으므로

$$y = 20 - 0.006h$$

로 나타낼 수 있다.

섭씨 온도와 화씨 온도

미국에서는 텔레비전 방송에서 날씨를 말할 때 기온이 한겨울에도 20, 여름에는 100이라는 숫자를 들먹이곤 한다. 이것은 우리가 쓰는 섭씨 온도가 아니고 미국을 비롯한 몇몇 나라에서 사용하는 화씨 온도다.

그렇다면 화씨 100도(100℉)는 섭씨로 몇 도(℃)일까?

온도를 재는 도구를 처음 고안한 사람은 갈릴레이였다. 1603년 그는 가열된 공기가 든 유리관을 물그릇 속에 거꾸로 세워 두었다. 방이 추워지면 유리관 속의 공기가 식으면서 수축하여 물 높이가 올라갔고, 방이 따뜻해지면 관 속의 공기가 팽창하여 물 높이가 내려갔다. 그러나 이 온도계는 그다지 정확한 것은 못 되었다. 왜냐하면 바깥 공기와 차단되어 있지 않아서 관 속에 들어간 물의 높이가 대기압의 영향을 받았기 때문이다.

그 후 1654년에 토스카나 대공 페르디난도 2세가 작고 둥근 공 모양의 용기 속에 얇은 관을 꽂고 그 속에 액체를 밀봉해 넣은 온도

계를 만들었다. 이 온도계는 안에 공기가 전혀 들어 있지 않아 대기압의 영향을 받지 않았다. 그러나 관 안에 들어갈 액체로 선택한 물이나 알코올 둘 다 만족스럽지 못했다. 왜냐하면 물은 추운 겨울날에는 얼어붙어 사용할 수가 없었고, 알코올은 너무 쉽게 끓어 뜨거운 물의 온도를 재기에는 부적절했기 때문이다.

그러던 즈음, 1695년경에 프랑스의 물리학자 아몽통(Guillaume Amontons, 1663~1705)이 수은을 쓸 것을 제안했다. 과연 수은은 물이나 알코올보다 액체 상태를 유지하는 온도 범위가 훨씬 넓을 뿐 아니라 온도 변화에 따라 규칙적이고도 부드럽게 팽창하고 수축했다.

그 후 1714년, 네덜란드에서 주로 활동한 독일 물리학자 파렌하이트(Gabriel Daniel Fahrenheit, 1686~1736)가 수은이 가득 든 수은구에 진공 상태의 가는 관을 연결하여 온도계를 만들었다. 그는 녹아 내리는 얼음 속과 끓는 물 속에 각각 그 온도계를 넣어 그 때의 수은주 높이를 표시해 두고, 그 사이를 180등분했다. 이것이 바로 화씨 온도다. 화씨 온도는 얼음이 녹을 때가 $32°F$이고 물이 끓는 온도는 $212°F$이다.

1742년에는 스웨덴의 천문학자 셀시우스(Anders Celsius, 1701~1744)가 물이 어는 점을 $0°C$, 물이 끓는 점을 $100°C$로 하는 섭씨 온도계를 고안했다.

온도계의 역사를 보면 섭씨 온도와 화씨 온도의 관계를 파악할 수 있다. 섭씨 $0°C$는 화씨 $32°F$이고, 섭씨 $100°C$는 화씨 $212°F$이다. 그 사이에 있는 온도는 서로 비례 관계를 이루므로 섭씨 온도를 C, 화씨 온도를 F라 하면,

C=0일 때 F=32이므로

$$F=aC+32\,(a는 \ 비례상수)$$

로 놓을 수 있다.

또 C=100일 때 F=212이므로

$$212=a\times100+32$$

$$\therefore a=\frac{9}{5}$$

따라서 $F=\frac{9}{5}C+32$가 성립한다.

이 식을 변형하면 다음과 같다.

$$C=\frac{5}{9}F-\frac{160}{9}$$

따라서 여름철 라스베이거스의 온도가 100°F일 때 그것은 섭씨로 약 38°C이다.

수도 요금과 전기 요금

우리 집에서는 5월에 수돗물을 20m³ 사용하여 1만 2140원을 내고 6월에는 32m³를 사용하여 1만 9700원을 냈다. 그런데 그 다음 달인 7월에는 사용량이 71m³에 요금은 6만 5030원이나 되었다.

아파트 관리비에 여러 가지가 통합되어 나오는 데다 수도 요금 액수가 그다지 크지 않아 유심히 보지 않았는데, 알고 보니 5월부터 화장실 변기와 연결된 수도관이 파손되어 물이 새고 있었던 것이다. 7월에 검침을 하고서야 아파트 관리 사무소에서 갑자기 많은

양의 물이 사용된 것을 보고 물이 새고 있음을 알려 주어 수리를 맡긴 경험이 있다.

어쨌든 수도 요금을 다시 살펴보면 6월 사용량은 5월의 1.5배 정도이고 요금도 대략 1.5배 정도였지만, 7월은 6월에 비해 사용량이 2배가 약간 넘었을 뿐인데도 요금이 3배 이상 나온 것을 알 수 있다. 이는 수도 요금이 단순 비례로 계산되지 않는다는 사실을 여실히 보여 준다.

이처럼 전기 요금이나 수도 요금은 많이 사용할수록 단위당 요금이 더 많이 붙는 누진제를 채택하고 있다. 다시 말해 전기 사용량이 지난달의 2배면 전기 요금을 지난달의 2배보다 훨씬 더 많이 내야 한다.

현행 전기 요금은 수도 요금보다 더 복잡한 체계로 되어 있다. 때에 따라 변동될 수 있지만 현행 주택용 전기 요금 체계는 다음과 같다(세금은 계산하지 않은 금액임).

기본 요금(원/호당)		전력량 요금(원/kWh)	
100kWh 이하 사용	370	처음 100kWh까지	52.0
101~200kWh 사용	660	다음 100kWh까지	88.5
201~300kWh 사용	1130	다음 100kWh까지	127.8
301~400kWh 사용	2710	다음 100kWh까지	184.3
401~500kWh 사용	5130	다음 100kWh까지	274.3
500kWh 초과 사용	9330	500kWh 초과	494.0

(자료: 2004. 3. 한국전력)

한 달간의 전기 사용량이 30kWh인 가정의 요금을 계산해 보자.

100kWh까지는 기본 요금이 370원이고 kWh당 52원의 요금을 내므로 전기 요금은 $370 + 52 \times 30 = 1930$(원)이다.

전기 사용량이 120kWh인 가정의 전기 요금은 다음과 같다.

기본 요금		660
100kWh까지의 사용 금액	$52 \times 100 =$	5200
101~120kWh의 〃	$88.5 \times 20 =$	1770 $\left(+\right.$
총 금액		7630(원)

전기 사용량이 410kWh인 가정의 전기 요금은 얼마일까? 전기를 많이 사용할수록 계산이 꽤 복잡해진다.

기본 요금		5130
100kWh까지의 사용 금액	$52 \times 100 =$	5200
101~200kWh의 〃	$88.5 \times 100 =$	8850
201~300kWh의 〃	$127.8 \times 100 =$	12780
301~400kWh의 〃	$184.3 \times 100 =$	18430
401~410kWh의 〃	$274.3 \times 10 =$	2743 $\left(+\right.$
총 금액		53133(원)

이제, 전기 사용량을 xkWh라 할 때 각 단계마다 전기 요금 y원을 구하는 식을 만들어 보자.

① $0 < x \leqq 100$일 때, $\quad y = 370 + 52 \times x = 52x + 370$

② $100 < x \leqq 200$일 때, $\quad y = 660 + 52 \times 100 + 88.5 \times (x - 100)$
$$= 88.5x - 2990$$

③ $200 < x \leqq 300$일 때, $\quad y = 1130 + 52 \times 100 + 88.5 \times 100 +$
$$127.8 \times (x - 200)$$

$$= 127.8x - 10380$$

④ $300 < x \leq 400$일 때, $\quad y = 2710 + 52 \times 100 + 88.5 \times 100 +$

$$127.8 \times 100 + 184.3 \times (x - 300)$$

$$= 184.3x - 25750$$

⑤ $400 < x \leq 500$일 때, $\quad y = 5130 + 52 \times 100 + 88.5 \times 100 +$

$$127.8 \times 100 + 184.3 \times 100 +$$

$$274.3 \times (x - 400)$$

$$= 274.3x - 59330$$

⑥ $x > 500$일 때, $\quad y = 9330 + 52 \times 100 + 88.5 \times 100 +$

$$127.8 \times 100 + 184.3 \times 100 +$$

$$274.3 \times 100 + 494 \times (x - 500)$$

$$= 494x - 164980$$

위 결과를 정리하면 다음과 같다.

① $0 < x \leq 100 \qquad \Rightarrow \quad y = 52x + 370$

② $100 < x \leq 200 \qquad \Rightarrow \quad y = 88.5x - 2990$

③ $200 < x \leq 300 \qquad \Rightarrow \quad y = 127.8x - 10380$

④ $300 < x \leq 400 \qquad \Rightarrow \quad y = 184.3x - 25750$

⑤ $400 < x \leq 500 \qquad \Rightarrow \quad y = 274.3x - 59330$

⑥ $x > 500 \qquad \Rightarrow \quad y = 494x - 164980$

이제 몇 가지 경우의 요금을 알맞은 식에 대입하여 계산해 보자.

① 80kWh일 때는 $\qquad$ 4530(원)

② 180kWh일 때는 $\qquad$ 12940(원)

③ 280kWh일 때는 $\qquad$ 25404(원)

④ 380kWh 일 때는　　　　44284(원)

⑤ 480kWh 일 때는　　　　72334(원)

⑥ 580kWh 일 때는　　　121540(원)

위의 예에서 알 수 있듯이 누진세란 많이 사용할수록 엄청나게 요금이 불어나므로 그저 아껴서 사용하는 것이 돈 버는 지름길이다.

뼈의 길이만으로 키 추정하기

원인을 알 수 없는 죽음이나 무시무시한 살인 사건이 나오는 영화를 보면 사건이 일어난 시각과 사망 원인 등 여러 정보를 알기 위해 사체를 부검하여 그 결과를 보고하는 장면이 등장한다.

이런 일을 하는 사람을 법의학자라고 부르는데, 법의학은 사람의 권리가 억울하게 침해받는 일이 없도록 애쓰는 의학이라고 할 수 있다. 우리가 아플 때 병원에 가서 치료를 받는 치료 의학이 사람의 생명을 연장하고 건강을 증진시키도록 애쓰는 것과는 사뭇 다르다.

자, 이런 법의학자의 손에 신원을 알 수 없는 뼈의 일부분이 들려 있다고 하자. 법의학자는 사망한 지 오래되어 뼈만 남은 희생자의 신원을 알아내야 한다. 과학적으로 여러 가지 검사가 가능하겠지만 법의학자가 가장 손쉽게 할 수 있는 것은 아마도 희생자의 키를 알아내는 일일 것이다.

대퇴골(넓적다리뼈)의 길이를 F, 경골(정강이뼈)의 길이를 T, 상박골(위팔뼈)의 길이를 H, 요골(아래팔의 바깥쪽 뼈)의 길이를 R이라 할 때,

키를 계산하는 공식은 다음과 같다(길이의 단위는 모두 센티미터다).

- 남자 $h = 69.089 + 2.238F$
  $\quad = 81.688 + 2.392T$
  $\quad = 73.570 + 2.970H$
  $\quad = 80.405 + 3.650R$

- 여자 $h = 61.412 + 2.317F$
  $\quad = 72.572 + 2.533T$
  $\quad = 64.977 + 3.144H$
  $\quad = 73.502 + 3.876R$

또 한 가지 흥미로운 사실은 사람이 30세가 넘으면 키가 1년에 약 0.06cm씩 줄어든다는 점이다. 현재 키가 170cm인 젊은이가 60세가 되면 키가 얼마가 될까?

1년에 0.06cm씩 줄어들므로 30년 동안에는 $0.06 \times 30 = 1.8(\text{cm})$ 줄어든다. 따라서 60세 때의 키는 $170 - 1.8 = 168.2(\text{cm})$가 될 것으로 추정할 수 있다.

이것을 식으로 나타내 보자.

현재의 키를 a, 나이를 b, 나이가 b일 때의 키를 h라 하면,

$$h = a - (b - 30) \times 0.06$$
$$\quad = a - 0.06b + 1.8$$

가 된다.

2 이차함수

자동차의 정지 거리

고속도로를 달리다 보면 앞차와의 거리를 100m나 110m 이상 두고 달리라는 표지판을 종종 볼 수 있다. 이는 운전자가 장애물을 발견하고 브레이크를 밟아 차가 완전히 정지할 때까지 어느 정도의 거리가 필요하기 때문인데 이를 '정지 거리'라고 한다.

사람들은 흔히 운전하다가 장애물을 발견하면 곧장 브레이크를 밟을 수 있다고 생각하지만 실제로 운전자가 브레이크를 밟을 때 세 단계를 거친다. 먼저 운전자가 브레이크를 밟지 않으면 안 되는 것을 감지하고 실제로 동작을 일으킬 때까지의 '반응 시간', 발을 움직여 액셀러레이터 페달에서 발을 떼어 브레이크 페달로 옮기는 '옮겨 밟는 시간', 발을 브레이크 페달에 올려놓고 나서 페달을 밟아 브레이크의 라이닝이 드럼에 접촉할 때까지의 '밟는 시간'이 그것이다.

이 세 단계의 시간을 합한 것이 공주(空走) 시간이고 실제로는 브레이크가 작동되지 않는 이 공주 시간 동안 자동차가 주행하는 거리가 공주 거리다. 공주 시간은 사실 아주 짧은 시간이다. 실제로 측정해 본 결과 공주 시간의 평균은 0.6초이며 유난히 빠른 사람은 0.5초, 노인이나 여자 등 느린 사람의 경우는 1.0초라고 한다.

　따라서 시속 72km로 달리고 있는 자동차는 초속 20m의 속도로 달리는 셈이므로 0.6초 동안 12m나 앞으로 나가게 된다. 만약 시속 120km로 달리고 있었다면 그 운전자는 장애물을 발견하고 브레이크를 밟을 때까지 20m나 간다는 계산이 나온다. 그러므로 공주 시간이 짧다고 하여 무시해서는 안 된다.

　한편 운전자가 브레이크를 밟은 후에도 자동차가 완전히 서기 위해서는 브레이크가 실제로 작동되는 순간부터 정지할 때까지의 거리인 '제동 거리'가 필요하다. 따라서 이 공주 거리와 제동 거리를 합한 것이 자동차의 정지 거리가 된다.

　일반적으로 공주 거리는 속력에 비례하고, 제동 거리는 속력의 제곱에 비례한다고 한다. 좀더 구체적인 예를 살펴보자. 다음은 건조한 포장도로에서 자동차가 각각 다른 속력으로 달리면서 급브레이크를 밟았을 때 측정한 공주 거리와 제동 거리, 정지 거리를 나타낸 표다.

차의 속도(km/h)	10	20	30	50	80	100
공주 거리(m)	2.5	5	7.5	12.5	20	25
제동 거리(m)	0.5	2	4.5	12.5	32	50
정지 거리(m)	3	7	12	25	52	75

　달리는 차의 속도를 $x$km/h, 공주 거리를 y_1m라고 할 때 공주 거리는 속력에 비례하므로 $y_1 = ax$로 볼 수 있다.

$x = 20$일 때, $y_1 = 5$이므로

$$5 = a \times 20 \quad \therefore a = \frac{1}{4}$$

따라서 $y_1 = \frac{1}{4}x$이다.

또 제동 거리를 y_2m라 할 때, 제동 거리는 속력의 제곱에 비례하므로 $y_2 = bx^2$으로 볼 수 있다.

$x = 20$일 때, $y_2 = 2$이므로

$$2 = b \times 20^2 \quad \therefore b = \frac{1}{200}$$

따라서, $y_2 = \frac{1}{200}x^2$ 이다.

이제 차의 속도를 $x$km/h, 정지 거리를 ym라 하면,

$$(\text{정지 거리}) = (\text{공주 거리}) + (\text{제동 거리})$$이므로

$y = \frac{1}{200}x^2 + \frac{1}{4}x$라는 식을 얻을 수 있다.

그러나 실제 정지 거리는 차의 속도뿐만 아니라 운전하는 사람, 노면 상태, 차의 종류에 따라 다 다르다. 여러 열차들의 예를 들어 보면 다음과 같다.

열차의 종류	속 도	정지 거리
통근 열차	50km/h	120m
전기 기관차(객차 열차)	50km/h	150m
전기 기관차(화차 열차)	50km/h	250m
급행 열차	80km/h	300m
특급 열차	120km/h	550m
고속 열차	240km/h	2800m

현수교

공중으로 비스듬히 던져 올린 물체나 공중에 대포로 쏜 포탄이 지나가는 경로가 포물선이라는 사실은 잘 알려져 있다.

오른쪽 그림과 같은 모양의 포물선은 $y = ax^2 + bx + c\,(a \neq 0)$와 같은 이차함수가 된다.

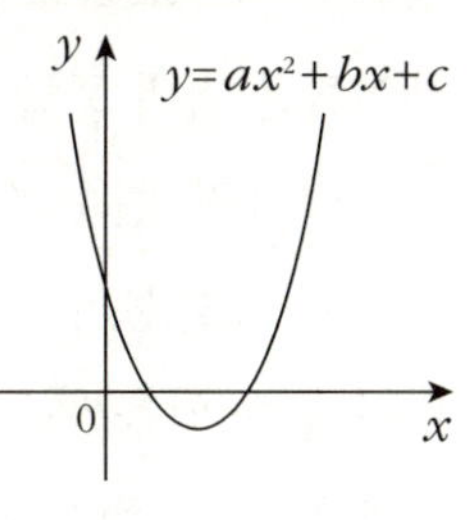

포물선의 원리를 이용한 물체는 우리 주변에서 많이 찾아볼 수 있지만(자세한 내용은 《수학은 아름다워 1》의 259~262쪽 참조), 포물선 자체의 모양도 아름다워 건축물에도 많이 응용되는데, 그러한 대표적인 예가 현수교다. 현수교는 양쪽에 거대한 주탑을 세운

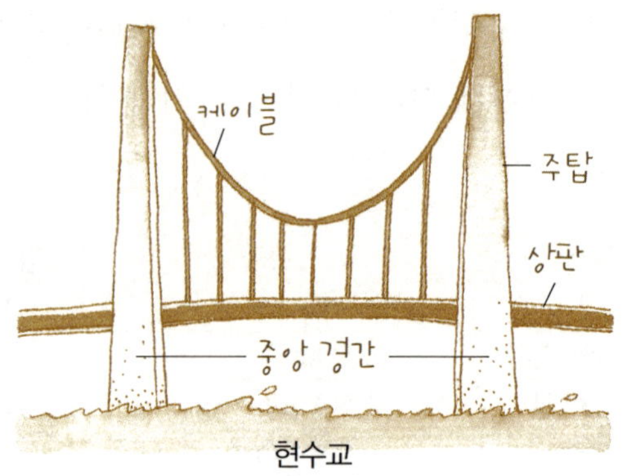

현수교

후 케이블로 연결해 만든 다리다.

재질이 균일한 줄의 양 끝을 같은 높이의 주탑 꼭대기에 연결했을 때 그 사이에 걸쳐진 줄의 곡선 모양을 현수선이라 한다. 현수선은 모양이 포물선과 아주 비슷하여 갈릴레이조차도 현수선을 포물선이라고 착각했을 정도였다. 그러나 실제로 현수선과 포물선은 다르다. 대신 현수선 모양으로 쳐진 줄에 일정한 간격으로 하중을 받쳐 주면 포물선 모양으로 바뀐다. 현수교의 경우도 주케이블에 일정한 간격으로 로프를 설치하여 다리의 상판과 연결한 것이므로 주케이블은 거의 포물선과 같다고 생각해도 된다.

그렇다면 현수교의 주케이블이 이루는 포물선의 식을 이차함수로 나타낼 수 있을까?

예를 들어 현수교의 두 주탑 사이의 거리인 중앙 경간이 1000m, 상판으로부터 케이블의 최고 높이

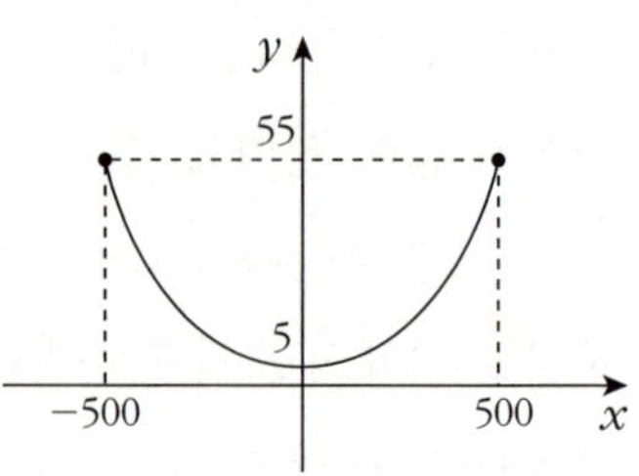

가 55m이고 최저 높이가 5m인, 오른쪽과 같은 모양의 현수교가 있다고 하자.

이때 상판을 x축, 주탑의 중앙을 y축으로 잡고 케이블의 식을 $y=ax^2+b$라 하면,

$$b=5이고,$$

$$55=a\times500^2+5에서 \quad a=\frac{1}{5000} \text{ 이므로}$$

케이블의 모양은

$$y=\frac{1}{5000}x^2+5(-500\leq x\leq500)$$

의 포물선과 거의 같다.

세계적으로 유명한 다리인 미국 샌프란시스코의 금문교[Golden Gate Bridge]는 중앙 경간이 1280m, 케이블 최고 높이가 상판으로부터 152m인 현수교다. 이 다리의 상판으로부터 케이블의 최저점까지가 24m라고 하면, 이 다리의 케이블 모양은 아래와 같은 식으로 나타낼 수 있다.

$$152=a\times640^2+24에서 \quad a=\frac{1}{3200} \text{ 이므로}$$

케이블의 모양은

$$y=\frac{1}{3200}x^2+24(-640\leq x\leq640)$$

의 포물선과 거의 같은 것이 된다.

우리나라에도 최초의 현수교인 남해대교를 비롯하여 수승대교, 영종대교 등의 현수교가 있다. 현재 세계 최대의 현수교는 주경간이 1991m인 일본의 아카시 교다.

갈릴레이는 1564년 이탈리아의 항구 도
시 피사에서 태어나 1581년 피사 대학
에 입학하였다. 그는 대학 의학부생 시
절 우연히 성당에 걸려 있는 램프가 흔
들리는 것을 보고 진자의 등시성을 발견
한 것으로도 유명하다. 당시에는 지구가
우주의 중심에서 움직이지 않고 지구 주
위를 달, 태양 등이 공전한다는 프톨레
마이오스의 천동설이 사람들의 우주관

갈릴레이(1564~1642)

을 지배하였는데, 갈릴레이는 이를 반박한 코페르니쿠스의 지동설
을 지지했다.

실제로 그는 자신이 직접 만든 망원경으로 달의 공전을 확인하였
으며, 목성을 발견하고 그 주위를 도는 위성을 관측함으로써 지구
역시 태양의 둘레를 돌고 있음을 확신하게 되었다.

시간 (초)	물체가 떨어지는 높이(m)	이전 높이와의 차이(m)	이전 속도와의 차이(초)
0	0		
1	1	1	
2	4	3	2
3	9	5	2
4	16	7	2
5	25	9	2
6	36	11	2

　갈릴레이는 자유 낙하에 대해서도 연구하였다. 그의 책에 의하면 물체가 어떤 양상으로 떨어지는지를 관찰한 사람은 그때까지 아무도 없었다고 한다.

　그는 관찰과 사실을 바탕으로 생각을 전개하였다. 그는 시간에 따라 물체가 떨어지는 거리를 연구하였다. 이를 정리하면 앞의 표와 같다. 표에서 알 수 있듯이 물체가 떨어지는 높이는 떨어지는 시간의 제곱에 비례한다. 따라서 시간을 t, 높이를 h라 하면,

$$h = kt^2$$

과 같은 이차함수가 된다.

3 유리함수

반비례

넓이가 12cm²인 직사각형에서 가로의 길이가 1cm 단위로 늘어날 때 그에 따른 세로 길이의 변화를 살펴보자.

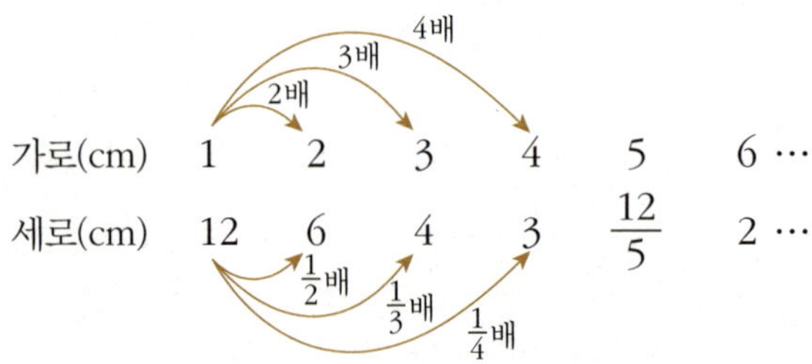

이와 같이 대응하여 변하는 두 양 x, y에서 한쪽의 양 x가 2배, 3배, 4배, …가 됨에 따라 다른 쪽의 양 y는 $\frac{1}{2}$배, $\frac{1}{3}$배, $\frac{1}{4}$배, …가 되는 관계가 있을 때 y는 x에 반비례한다고 한다. 이때 x와 y 사이에는 $y=\dfrac{a}{x}\,(a\neq 0)$인 관계식이 성립한다.

위의 경우 $x=1$일 때 $y=12$ 이므로 $a=12$이다.

따라서 관계식은 $y=\dfrac{12}{x}$이다.

이것을 그래프로 나타내 보자. 각 x의 값과 그에 대응하는 y의 값을 순서쌍으로 나타내면 다음과 같다.

$$\{(1,\ 12),\ (2,\ 6),\ (3,\ 4),\ (4,\ 3),\ (5,\ \tfrac{12}{5}),\ (6,\ 2),\ (7,\ \tfrac{12}{7}),$$
$$(8,\ \tfrac{3}{2}),\ (9,\ \tfrac{4}{3}),\ (10,\ \tfrac{6}{5}),\ (11,\ \tfrac{12}{11}),\ (12,\ 1)\}$$

이 순서쌍들을 좌표평면 위에 점으로 나타내 보자.

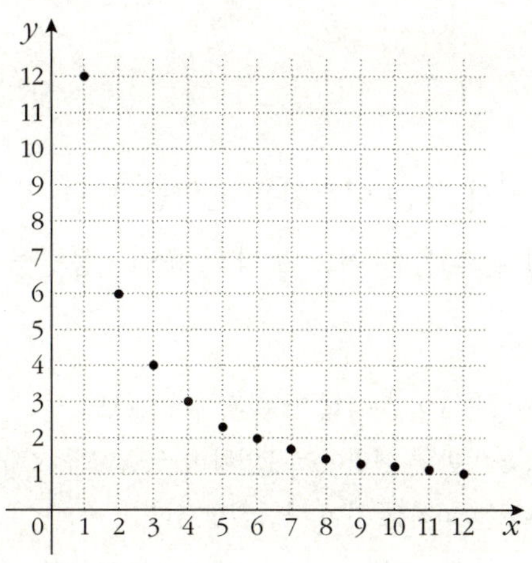

약의 복용량

어린아이들이 감기에 걸려 소아과에 가면 의사 선생님께서 약을 처방해 주실 때 꼭 묻는 것이 있다. 바로 몸무게다. 몸무게에 따라 같은 약이라도 먹는 양이 달라져야 하기 때문이다.

시중의 약국에서 파는 어린이용 물약을 보면 먹는 양과 방법이 자세히 나와 있다. 다음은 어느 물약의 용법·용량을 적은 것이다.

다음 1회 용량을 1일 3~4회 경구 투여하십시오.
체중이 30kg 미만인 어린이는 1일량이 500ml를 초과해서는 안 되며 공복 시 투여는 피하는 것이 바람직합니다.

연 령	1회 복용량
11 ~ 14세	10 ~ 13ml
7 ~ 10세	8 ~ 10ml
3 ~ 6세	5 ~ 8ml
1 ~ 2세	3 ~ 5ml

위의 예에서 보듯이 약의 복용량이 나이에 따라 차이가 있는데 그 양은 어떻게 정하는 것일까? 실제로 어른이 복용하는 양 A가 정

해져 있을 때, 나이가 x살인 어린이가 복용하는 양 y는

$$y = \frac{x}{x+12} \mathrm{A}$$

인 관계가 있다.

예를 들어, 어른이 복용하는 양이 30ml인 어떤 약을 여덟 살짜리 어린이가 복용하려 한다면, 그 양은 $\dfrac{8}{8+12} \times 30 = 12(\mathrm{m}l)$가 적당하다.

복습의 중요성

요즘 학생들이 수학 공부 하는 습관을 들여다보면 잘못된 점이 참 많이 보인다. 내가 생각하기에 그 중에서 으뜸은 학교에서 배운 것을 집에 가서 복습하지 않는다는 것이다. 많은 학생이 학원에서 미리 대충 배우고 온 것을 대단한 듯 여기고 학교 수업 시간을 소홀히 생각할 뿐만 아니라, 학교 수업이 끝나면 다시 학원에 가서 그날 배운 내용과 전혀 다른 부분을 빠른 진도로 배우기 때문에 실제로 같은 내용을 복습할 기회가 거의 없다.

그러나 사람은 대부분 한 번 학습한 내용은 곧 잊어버린다. 독일의 심리학자 에빙하우스(Hermann Ebbinghaus, 1850~1909)는 인간의 기억이 시간의 제곱에 반비례한다는 연구 결과를 밝히며 다음과 같은 망각 곡선을 제시했다.

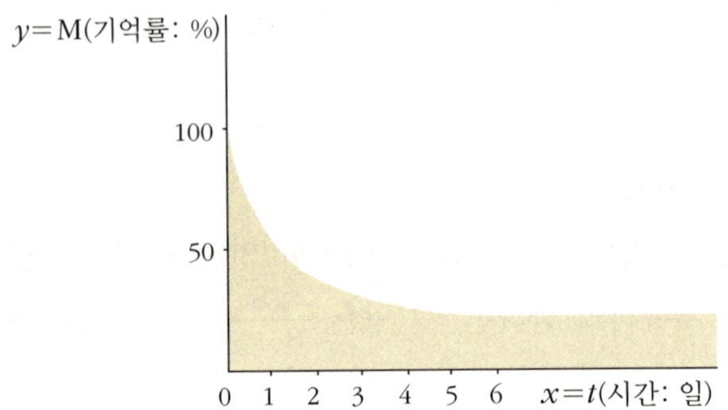

이 곡선에서 보듯이 인간은 기억한 것을 학습한 직후부터 망각하기 시작한다. 한 실험에서 학생들에게 하루에 40개의 특정한 목록을 기억하도록 한 후, 30일 동안 매일 기억하고 있는 개수를 말하도록 하였다. 이때 학생들이 t일 후에 기억하고 있는 낱개의 평균 수 N은

$$N = \frac{5t+30}{t} \ (t \geq 1)$$

으로 나타났다.

날짜(t일 후)	1	2	3	5	6	10	15	30
기억한 내용(개)	35	20	15	11	10	8	7	6

이 결과를 표로 나타내면 다음과 같다.

그렇다면 기억하는 것을 처음의 40개에 가깝게 유지하려면 어떻게 해야 할까? 바로 빠른 시간 내에 '복습'을 하는 것이 그 해답이다.

한 실험에서는 학생을 두 집단으로 나누어 A집단은 한 번만 학습하도록 하고, B집단은 학습이 끝난 후 두 번 복습하도록 했다. 그 후 기억하고 있는 정도를 알아보니 A집단은 학습 직후 50%를 기억했고 하루가 지난 후에는 25~30%만, 2주가 지난 후에는 10%밖에

기억하지 못했다. 그러나 B집단은 2주 뒤에도 내용의 80%를 기억했다고 한다.

　아래 왼쪽 그래프는 복습하지 않은 상태에서는 시간이 지날수록 기억률이 떨어져 6일 후에는 20~25%만 남아 있음을 나타낸다. 그리고 아래 오른쪽 그래프는 매일 복습했을 경우 6일 후에도 80~85%의 내용을 기억하고 있음을 보여 준다.

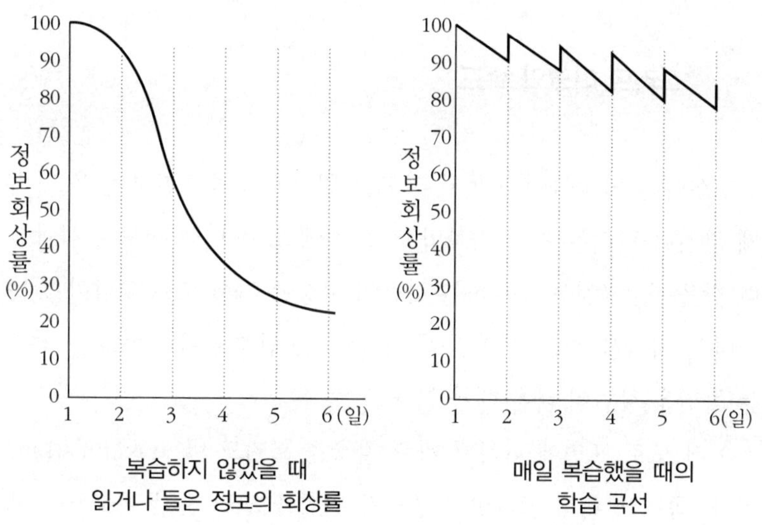

복습하지 않았을 때
읽거나 들은 정보의 회상률

매일 복습했을 때의
학습 곡선

　위의 결과를 보면 오늘 학습한 내용을 집에 돌아가 복습하는 일이 얼마나 중요한지 알 수 있다. 공부를 잘하기 위한 가장 현명한 방법은 배운 내용을 그날그날 바로 복습하는 것이다.

4 무리함수

스키드 마크와 속도

영화에는 악당들이 자동차 사고를 위장하여 중요한 사람을 다치게 하거나 달리는 차를 가로막고 그 차에 있는 비밀 정보나 사람을 빼 갔을 때, 그것을 수사하는 사람이 현장에 와서 도로에 남아 있는 차바퀴 자국을 보고 차의 종류(정확히 말하면 타이어의 종류)를 맞추는 놀라운 장면이 나올 때가 있다.

이때 도로 표면에 나타난 바퀴 자국을 스키드 마크(skid mark)라 한다. 좀더 정확히 말하면 운전자가 위험을 느낀 순간 피하느라 브레이크를 급히 밟아 갑자기 제동이 걸렸을 때, 바퀴의 회전은 멈추었으나 주행하던 관성으로 자동차가 미끄러지면서 노면에 타이어가 끌려 미끄러진 자국을 말한다.

이 스키드 마크의 길이는 차량의 과속 여부를 판단하는 데 중요한 단서가 되는데, 스키드 마크의 길이를 $S(m)$, 추정 속도를 $V(km/h)$라 할 때 이 둘 사이에는

$$V = \sqrt{254S}$$

인 관계가 있다고 한다.

　예를 들어 제한 속도가 100km/h인 도로에서 어떤 차량의 스키드 마크의 길이가 약 47.6m였다면 이 차의 추정 속도는

$$V = \sqrt{254 \times 47.6} \fallingdotseq 110 (km/h)$$

으로, 과속하고 있었음을 알 수 있다.

바람의 세기

2003년 9월 한반도를 강타한 태풍 매미는 사망 119명, 실종 12명 등 인명 피해 131명과 4조 2225억 원에 이르는 재산 피해를 남겼다. 다음은 태풍 매미에 대한 어느 기사의 일부다.

　바람의 세기를 재는 데는 최대 풍속(하루 중 임의의 10분 평균)과 최대 순간 풍속(말 그대로 순간), 두 가지 개념이 쓰인다. 이번 태풍 '매미'의 최대 순간 풍속은 초속 60m(제주 고산)였고, 최대 풍속은 51.1m/s였다. 보퍼트 풍력 계급표에 따르면 가장 심한 12계급 '싹쓸바람〔hurricane〕'의 최대 풍속은 32.7m/s. 이번 강풍은 계급을 타파한 수준인 셈.

여기에 나오는 보퍼트 풍력 계급(風力階級)은 풍속계가 없을 당시 바람의 세기를 나타내기 위하여 영국의 해군 제독이자 수로학자, 기상학자인 보퍼트(Francis Beaufort, 1774~1857)가 고안한 것이다.

　　보퍼트의 풍력 계급에 따라 지상 10m 위치에서 부는 바람의 속력을 $x$km/h라 할 때 계급 B를 계산하는 공식은 다음과 같다.

$$B = 1.5\sqrt{x+12.8} - 5.4 \text{(단, 소수점 첫째자리에서 반올림한다)}$$

예를 들어 현재 바람의 속력이 26.4km/h(약 7.3 m/s)라 하면,

$$B = 1.5\sqrt{26.4+12.8} - 5.4 ≒ 3.99$$

이므로 보퍼트 풍력 계급은 4다.

　　또 바람의 속력이 92.4 km/h(약 25.7 m/s)이면

$$B = 1.5\sqrt{92.4+12.8} - 5.4 ≒ 9.98$$

이므로 이때의 보퍼트 풍력 계급은 10이다.

　　1955년에 영국 기상청의 기상학자들은 117~220km/h(33~61 m/s)의 바람도 그 세기를 분류하기 위하여 13부터 17까지로 계급을 더 늘렸다.

　　12계급이, 모든 것이 부서져 쓰레기 더미가 되는 정도이고 육지에서는 보기 드문 심한 바람이라 했는데, 매미는 그 수준을 뛰어넘었으니 얼마나 무서운 태풍이었는지 짐작조차 안 된다.

　　자연의 거대한 위력 앞에서 인간이 얼마나 초라한 존재인지를 느끼게 해 준 경험이었으니, 이 경험을 잊지 말고 늘 조심하며 예방하는 자세로 살아야겠다.

보퍼트는 아일랜드에서 태어나 1787년 해군에 입대하여 많은 해전에 참가하였다. 그는 1803년부터 수로 측량에 종사하며 수치적 척도로서의 풍력 계급 제정을 위해 노력하였고, 그 결과 1806년 풍력 계급표를 고안하였다. 이것은 1839년 영국 해군에게 공식적으로 채택되었으며, 이후 몇 차례 개정되긴 했으나 지금

보퍼트(1774~1857)

까지도 항해자의 항해 일지 등에 사용된다. 보퍼트 풍력 계급은 0부터 12까지 열세 단계가 있는데, 오늘날 통용되는 각 계급에서의 바람의 세기와 영향은 다음과 같다.

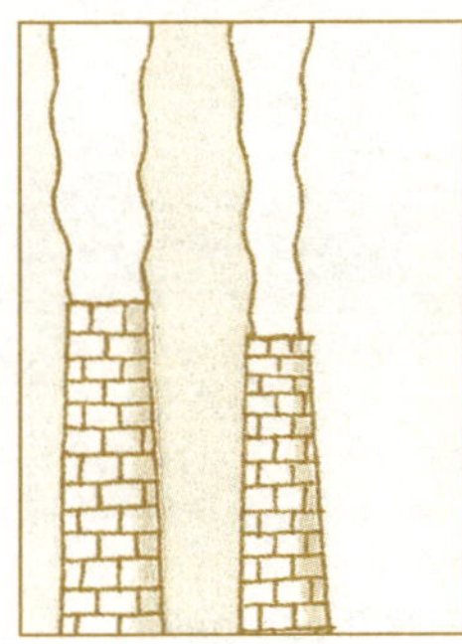

계급 0
고요(calm)
0.0~0.2m/s
바람이 전혀 없는 상태. 연기가 똑바로 올라가고, 바다는 수면이 잔잔하다.

계급 1
실바람(light air)
0.3~1.5m/s
풍향은 연기가 날리는 모양으로 알 수 있으나, 우리 몸으로 느끼지 못할 정도의 약한 바람.

계급 2
남실바람(light breeze)
1.6~3.3m/s
바람이 얼굴에 느껴지고 나뭇잎이 흔들리며, 바람개비가 약하게 돈다.

계급 3
**산들바람(gentle
breeze)**
3.4~5.4m/s
나뭇잎과 잔가지가 일정하
게 흔들리고 깃발이 가볍게
나부끼며, 바다에는 군데군
데 흰 물결이 일어난다.

계급 4
**건들바람(moderate
breeze)**
5.5~7.9m/s
땅에서 먼지가 일고 종이
조각이 날리며 작은 나뭇
가지가 흔들린다. 바다에서
는 흰 물결이 더 일어난다.

계급 5
흔들바람(fresh breeze)
8.0~10.7m/s
잎이 무성한 작은 나무 전
체가 움직이고, 호수에 잔
물결이 일어난다.

계급 6
된바람(strong breeze)
10.8~13.8m/s
큰 나뭇가지와 전선이 흔
들리고 우산을 들고 있기
가 힘들며, 바다에는 큰 물
결이 일기 시작한다.

계급 7
센바람(moderate gale)
13.9~17.1m/s
나무 전체가 흔들리고 바
람을 거스르며 걷기가 힘
들다. 바다에서는 물마루가
부서지기 시작한다. 센바람
이 불면 기상대가 폭풍 주
의보를 내린다.

계급 8
큰바람(fresh gale)
17.2~20.7m/s
나무 잔가지가 꺾이기 시작
하고 바람을 향해 걸을 수
없으며, 바다에선 물보라가
인다. 이 바람부터 흔히
'태풍'이란 이름을 붙인다.

계급 9
큰센바람(strong gale)
20.8~24.4m/s
기와가 벗겨지고 굴뚝이 넘어지는 등 건축물에 피해가 생기며, 바다에서는 물보라가 소용돌이치기 시작한다. 이 바람이 불면 기상대가 폭풍 경보를 발령한다.

계급 10
노대바람(whole gale)
24.5~28.4m/s
건물에 상당한 피해가 있고 나무가 쓰러지거나 뽑히며, 물결이 격렬하게 일어 바다 전체가 희게 보인다.

계급 11
왕바람(storm)
28.5~32.6m/s
건물이 크게 부서지고 차가 넘어지며 나무가 뿌리째 뽑힌다. 바다에서는 산더미 같은 파도가 흰 거품으로 바다 전체를 뒤덮는다.

계급 12
싹쓸바람(hurricane)
32.7 이상
육지에서는 보기 드문 바람으로, 엄청난 피해를 일으킨다. 바다에서는 산더미 같은 파도 때문에 시계(視界)가 매우 불량하며 배가 침몰하기 시작하는 무서운 태풍이다.

5 합성함수

물건 싸게 사기

  백화점이나 할인점 같은 대형 쇼핑센터가 정해진 가격대로 파는 것과 달리 개인이 운영하는 가게나 재래시장 같은 곳에서는 가격을 흥정하는 재미가 있다.

  하지만 옷가게를 운영하는 A씨 입장에서는 가격을 흥정하는 일이 보통 힘든 일이 아니었다. 대부분의 손님이 A씨가 부른 가격에서 한참을 깎고도 택시비라도 빼 달라고 한 번 더 사정하기 일쑤였기 때문이다. 골치가 아파진 A씨는 고민 끝에 다음과 같은 광고문을 써 붙였다.

> 모든 물건 20% 할인에 택시비 2000원도 빼 드립니다. 아래 둘 중에 선택할 기회를 드립니다(단, 1만 원 이상 제품 구매 시).
> ① 20% 할인 후 2000원을 뺀다.
> ② 2000원을 뺀 후 20% 할인 받는다.

이 희한한 문구를 보고 사람들이 몰려오기 시작했는데 모두들 가게에 들어오기 전에 ①과 ② 중 어느 쪽이 이득인지 계산하느라 정신이 없었다. 어떤 사람은 옷 하나 고르고 가격 물어본 후 계산하고, 또 하나 고르고 가격 물어보고 계산하는 일을 반복하기도 했다.

여러분 생각에는 어느 쪽이 이득이겠는가? 다 같이 한번 계산해 보자.

10만 원짜리 옷을 샀다고 가정하자.

① 10만 원의 20%는 2만 원이므로 20% 할인 받은 후 2000원을 뺀 금액은 7만 8000원이다.

② 10만 원에서 2000원을 빼면 9만 8000원이고 이것의 20%는 1만 9600원이므로, $98000 - 19600 = 78400$(원)이다.

따라서 10만 원짜리 옷은 ①을 선택하는 것이 400원 더 싸다.

더 비싼 옷일 경우는 어떨까?

50만 원짜리 양복을 생각해 보자.

① $500000 - (500000 \times \frac{20}{100}) - 2000 = 398000$(원)

② $500000 - 2000 - (498000 \times \frac{20}{100}) = 398400$(원)

이 경우도 역시 ①을 택하는 쪽이 400원 이득이다.

10만 원과 50만 원은 가격 차이가 많이 나는데도 두 경우 다 ①의 경우가 400원 이득이라는 것은 좀 뜻밖이다.

그렇다면 2만 원짜리 옷을 사도, 100만 원짜리를 사도 같은 결과가 나올까? 이 의문을 함수로 풀어 보자.

옷의 가격을 x라 할 때, 정가에서 20% 할인해 주는 관계를 함수 f, 2000원을 빼 주는 관계를 함수 g라 하면,

$$f(x) = x - 0.2x = 0.8x$$

$$g(x) = x - 2000$$

이 된다.

이때, ①은 f와 g를 합성한 함수이므로

$$(g \circ f)(x) = g(f(x)) = g(0.8x) = 0.8x - 2000 \text{이고,}$$

②는 g와 f를 합성한 함수이므로

$$(f \circ g)(x) = f(g(x)) = f(x - 2000) = 0.8x - 1600 \text{이다.}$$

따라서 옷의 가격에 관계없이 ①을 선택하는 경우에는 늘 400원의 이득을 보게 된다.

이자 계산법

은행의 예금이나 적금 상품을 보면 대개 이율이 몇 퍼센트라고 정해져 있다. 계산의 편의를 위해, 일정한 금액을 맡겨 놓으면 해마다 5%의 이자를 주는 상품이 있다고 하자. 처음 1년이 지나면 원금의 5%에 해당하는 이자가 늘 것이고, 또다시 1년이 지나면 원금에 이자가 더해진 금액의 5%에 해당하는 이자가 또 늘 것이다. 이와 같은 방법으로 이자를 계산하는 것을 복리법이라고 한다.

예를 들어 100만 원을 위의 상품에 넣는다면 1년 후에는 100만 원의 5%인 5만 원의 이자가 늘어 원금과 이자를 합한 금액(원리 합계)이 105만 원이 된다. 또 1년이 지나면 이 105만 원에 대한 5%의 이자인 5만 2500원이 더해져 원리 합계는 110만 2500원이 된다.

이 관계를 함수로 나타내 보자.

1년마다 5%의 이자를 복리로 계산해 주는 은행에 x만 원을 저금
하였을 때 1년 후의 원리 합계를 $f(x)$라 하면,

$$f(x) = x + 0.05x = 1.05x$$

2년 후의 원리 합계는

$$(f \circ f)(x) = f(f(x)) = f(1.05x) = 1.05^2 x$$

3년 후의 원리 합계는

$$(f \circ f \circ f)(x) = f(f(f(x))) = f(f(1.05x)) = f(1.05^2 x)$$
$$= 1.05^3 x$$
$$\vdots$$

이므로,

n년 후의 원리 합계는

$$(f \circ f \circ \cdots \circ f)(x) = 1.05^n x \text{이다.}$$

6 두 수의 영향을 받는 함수

불쾌지수

한여름에는 일기예보에서 "오늘은 불쾌지수가 높으니 주변 사람들과 감정 상하지 않도록 주의하십시오" 하는 방송을 가끔 듣는다.

불쾌지수(Discomfort Index, DI)는 날씨에 따라 인간이 느끼는 불쾌감의 정도를 기온과 습도를 조합하여 나타내는 수치로, 건구 온도가 a°C이고 습구 온도가 b°C일 때 불쾌지수 D는

$$D = 0.72(a + b) + 40.6$$

이다.

인종에 따라 불쾌감을 느끼는 정도가 다르기는 하지만, 보통 불쾌지수가 70 이상이면 사람들의 약 10%가 불쾌감을 느끼며, 75일 때는 약 50%가, 80 이상인 경우에는 대부분의 사람이 불쾌감을 느낀다고 한다.

미국에서는 불쾌지수를 발표함으로써 오히려 사람들의 불쾌감을 조장한다고 하여, 이를 온습지수(Temperature-Humidity Index, THI)

라는 말로 바꾸어 쓰기도 한다.

체감온도

불쾌지수가 주로 여름에 등장하는 용어라면 체감온도는 겨울에
잘 쓰인다. 체감온도는 기온뿐 아니라 풍속, 습도 등 여러 요인이 복
합적으로 작용해 우리 몸에 실제로 느껴지는 온도를 말하는데, 같은
온도에서도 특히 바람의 세기에 따라 체감온도가 크게 달라진다.

현재의 온도가 t(℃)이고 풍속이 v(m/s)일 때 체감온도를 T(℃)라
하면 이들 사이에는

$$T = 33 - 0.045 \times (10.45 + 10\sqrt{v} - v)(33 - t)$$

라는 관계식이 성립한다. 이 공식은 풍속이 초속 1.79m(빠르게 걷는
속도)와 초속 20m(시속 72km) 사이일 때 사용되며, 피부의 온도를

33℃로 가정하고 있다. 예를 들면 기온이 0℃이고 풍속이 초속 5m, 초속 10m, 초속 15m일 때의 체감온도는 각각 −8.6℃, −15℃, −18℃이다.

각 체감온도에 따른 신체의 증상은 다음과 같다.

구 분	체감온도	신체 증상과 유의할 점
낮 음	10℃~−10℃	• 약간 불편함.
보 통	−11℃~−25℃	• 불편함을 느낌. • 노출된 피부에 찬 기운이 느껴짐. • 보호 장구 없이 장기간 노출되면 저체온에 빠질 위험이 있음.
추 움	−26℃~−45℃	• 동상의 위험이 있음. • 손발 끝이 얼어서 마비되는지 확인해야 함. • 보호 장구 없이 장시간 노출되면 저체온에 빠질 위험이 있음.
주 의	−46℃~−59℃	• 노출된 피부는 몇 분 내에 얼게 됨. • 장시간 야외 활동을 하면 저체온에 빠질 위험이 매우 큼.
위 험	−60℃ 이하	• 야외 환경은 생명에 매우 위험함. • 노출된 피부는 2분 안에 동상에 걸림.

변환의 마술

4

1 합동변환

나는 나 자신으로 존재한다. 그러나 보는 사람에 따라서는 '저 빨 간 벽돌집에 사는 사람'으로 통할 수도 있다. 나를 그렇게 인식하는 사람에게는 우리 집에 같이 사는 사람이 모두 같아 보일 것이다. 또 내가 다른 지방에 가면 '서울 사람'으로 보이기도 하고, 외국에 나가 서는 나 자신으로보다 '한국 사람'으로 보일 것이다. 이처럼 우리는 보는 시각에 따라서 나이, 성별, 직업 등이 무시되고 특정한 집, 도 시, 나라 등 커다란 틀만으로 각 집단과 동일시되기도 한다.

수학에도 비슷한 경우가 있다. 바로 변환에 의한 기하학의 분류 가 그것인데, 이런 방법으로 기하학을 분류한 사람이 클라인(Felix Klein, 1849~1925)이다.

변환이란 어떤 것을 다른 것으로 바꾸는 작용을 가리킨다. 그러므 로 도형의 변환이란 하나의 도형을 다른 도형으로 옮기는 일을 뜻한 다. 중요한 것은 어떤 방법으로 옮기는가이며, 그 방법에 따라 도형 의 변환은 합동변환, 닮음변환, 아핀변환, 사영변환, 위상변환으로 나뉜다. 이 중 합동변환과 닮음변환을 제외하면 학교에서 배우는 내용과는 관련이 적은 편이므로 너무 어렵다고 생각되면 그냥 넘겨도 좋다. 그러나 변환의 내용을 외우기보다 수학자들이 다양한 변환을 어떻게 생각해 내고 어떤 식으로 연구해 나갔는지를 살펴보면, 한 가지 주제에 대한 연구의 흐름과 사고 과정을 알 수 있을 것이다.

합동인 도형

도형의 변환이란 하나의 도형을 다른 도형으로 옮기는 일이며, 방법에 따라 여러 가지 변환이 있다고 하였다. 그러면 가장 손쉬운 변환은 어떤 것일까? 말할 것도 없이 '그대로' 옮기는 것이다. 이것은 마치 집안에서 가구를 옮기는 것과 같다. 가구의 크기나 모양은 바뀌지 않고 위치만 달라지는 것이다.

우선 직접 옮기는 연습을 해 보자.

아래 그림의 △ABC를 모양이나 크기를 바꾸지 않고 옮겨서 B를 B′에, C를 C′에 포개어 놓았을 때의 △A′B′C′를 그려라.

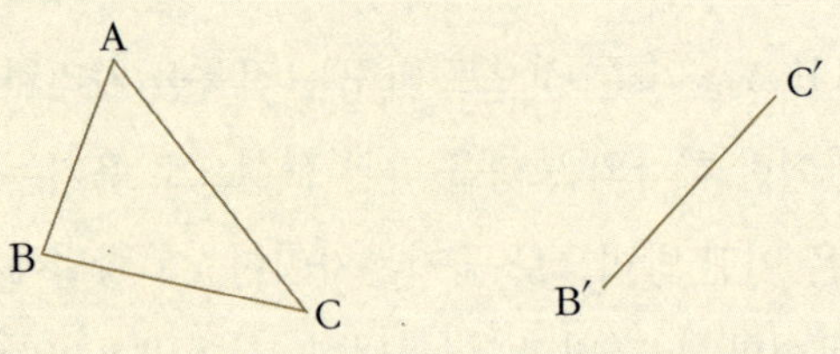

  잘 그려졌는지 확인하려면 △ABC를 가위로 오려서 새로 그린 삼각형 위에 겹쳐 놓고 보면 된다. 완전히 포개지면 정확히 그린 것이다.

  이처럼 한 평면도형을 모양이나 크기를 바꾸지 않고 옮겨서 다른 평면도형에 완전히 포갤 수 있을 때, 이 두 도형을 서로 **합동**이라고 한다. 이때 서로 포개어지는 점, 변, 각을 각각 대응하는 점, 대응하는 변, 대응하는 각이라고 한다. 즉, 점 A와 대응하는 점은 A′, 변 AB와 대응하는 변은 A′B′, ∠A와 대응하는 각은 ∠A′이다.

  당연하게도 합동인 도형에서는 대응하는 변의 길이가 같고, 대응하는 각의 크기도 같다. 역으로, 대응하는 변의 길이가 같고 대응하는 각의 크기도 같은 도형은 합동이다. 그러나 꼭 모든 변과 각이 다 같아야만 합동인가? 그렇지는 않다.

　삼각형의 예를 들어 보자. 두 삼각형의 변과 각이 각각 다 같으면 물론 합동이겠지만, 전부를 확인하지 않고도 합동임을 보일 수 있다. 그러기 위한 최소한의 조건은 무엇일까? 그것은 그 조건만 주면 삼각형이 꼭 하나로 결정되는 삼각형의 결정 조건에서 비롯한다.

• 삼각형의 결정 조건
다음 각 경우에 삼각형은 하나로 결정된다.
① 세 변의 길이가 주어질 때
② 두 변의 길이와 그 끼인각의 크기가 주어질 때
③ 한 변의 길이와 그 양 끝각의 크기가 주어질 때

• 삼각형의 합동 조건
두 삼각형은 다음의 각 경우에 합동이다.

① 세 변의 길이가 각각 같
　을 때

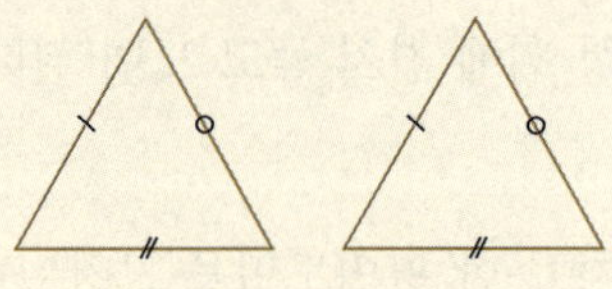

② 두 변의 길이와 그 끼인
　각의 크기가 같을 때

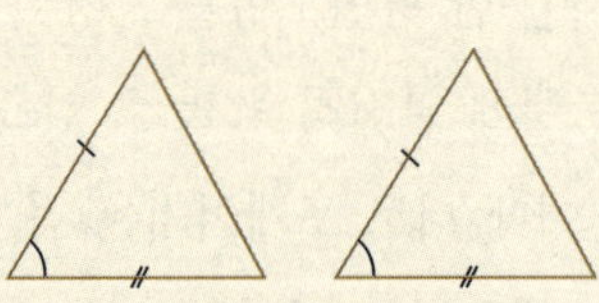

③ 한 변의 길이와 그 양
　끝각의 크기가 같을 때

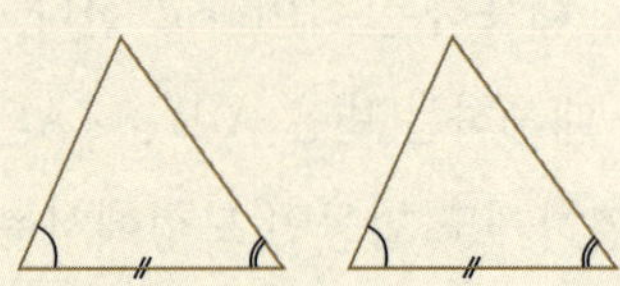

※ 위의 합동 조건을, 변[Side]과 각[Angle]의 영어 머리글자를 써서 ①은 SSS합동, ②는 SAS합동, ③은 ASA합동이라고 말하기도 한다.

도형의 이동

이제 합동인 도형을 얻으려면 어떻게 이동해야 할지 이야기해 보자. 도형을 이동하는 방법에는 평행이동, 대칭이동, 회전이동 세 가지가 있다.

먼저 평행이동에 관하여 알아보자.

평행이동이란 말 그대로 도형을 평행하게, 즉 일정한 방향으로 옮기는 것을 말한다. 좀더 구체적으로 말하면, 도형을 이루는 모든 점이 같은 방향으로 같은 거리만큼 움직인다는 뜻이다.

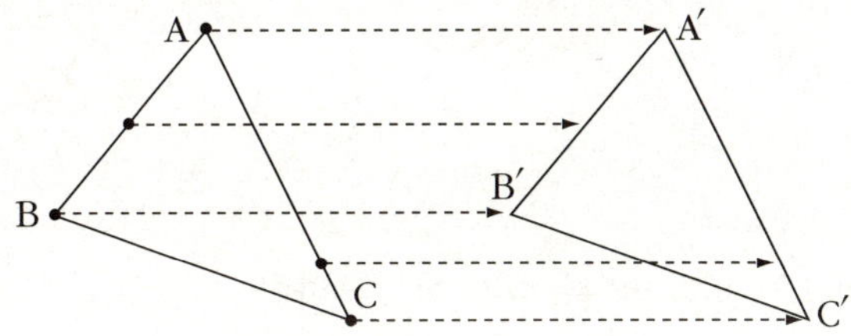

한편 대칭이동에는 선대칭과 점대칭 두 가지가 있다.

먼저 한 점 P가 있다고 할 때, 이 점을 직선 l에 대하여 대칭이 되게 해 보자.

먼저 점 P에서 시작하여 직선 l에 수직인 반직선을 그린다. 이 선이 l과 만나는 점을 M이라 하면, $\overline{PM}$ $=\overline{MP'}$ 가 되는 점 P'가 바로 P의 대칭점이다.

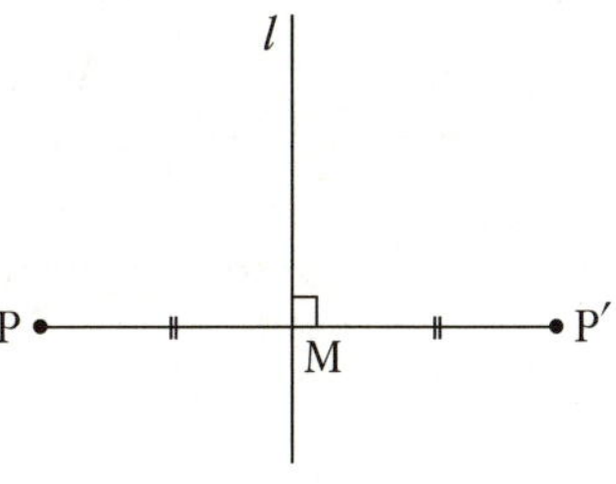

즉, 직선 l은 선분 PP′를 수직 이등분한다.

도형 위의 모든 점을 이런 방법으로 대칭시키면 그 도형은 직선 l
에 대하여 대칭이동된 것이다. 이때 직선 l을 대칭축이라고 한다.

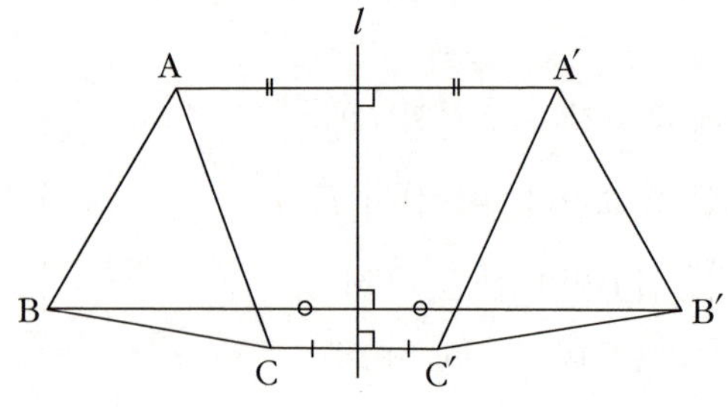

점대칭이란 말 그대로 어떤 점에 대하여 대칭인 경우를 말한다.

점 P를 점 O에 대하여 대칭시키려면 반직선 PO 위에 $\overline{PO}$ $=\overline{OP'}$ 가 되는 점 P'를 잡으면 된다.

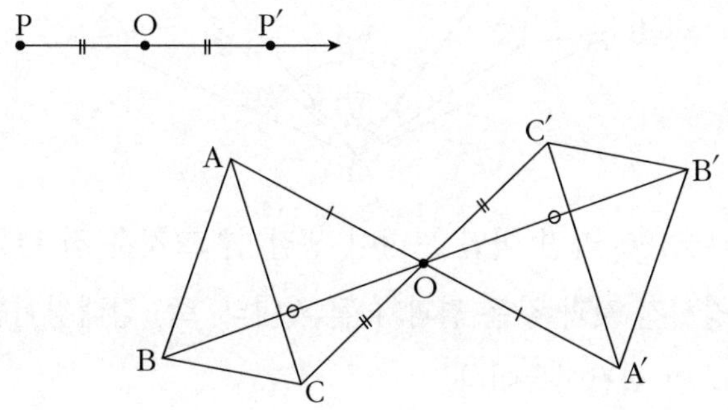

도형을 이동하는 세 번째 방법은 회전이동인데, 이때는 중심 O(회전의 중심)와 각도(회전각)가 주어져야 한다.

점 P를 중심 O에 대하여 30° 회전이동해 보자.

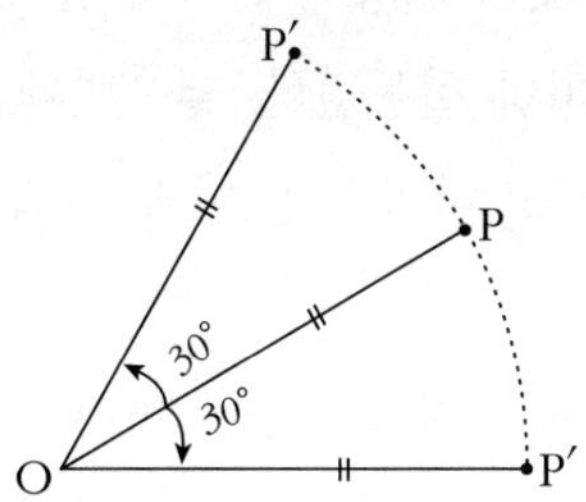

이때 위 그림처럼 30°의 방향이 두 가지이므로 정확한 도형을 얻으려면 방향도 정해 주어야 한다.

이 방법으로 도형 위의 모든 점을 옮기면 도형의 회전이동이 된다.

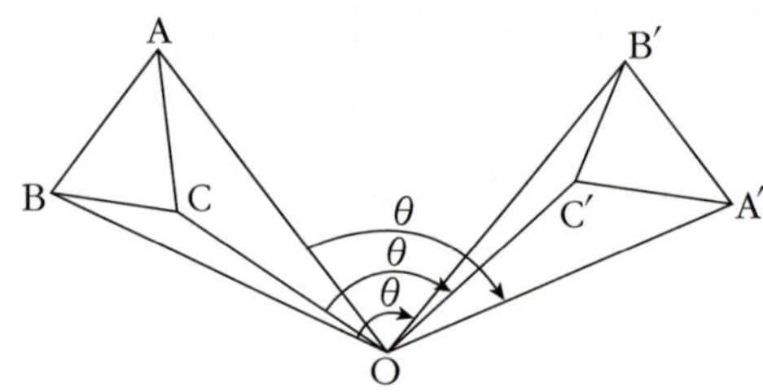

만약 $\theta = 180°$ 라면 어떤 도형이 생길까? 그것은 점 O를 중심으로 점대칭시킨 것과 같은 결과가 될 것이다. 즉, 점대칭이동은 회전각이 $180°$인 회전이동이다.

 ## 합동변환

지금까지 합동의 뜻과 이동에 관하여 살펴보았다. 이 장 처음에서 변환의 방법에 따라 합동변환, 닮음변환, 아핀변환, 사영변환, 위상변환을 구분한다고 하였으니, 이제 그 속에서의 합동변환을 정의해 보자.

도형의 변환을 빛에 의해 스크린에 비치는 그림자에 비유한다면, 합동변환의 첫째 조건은 본래의 도형(모델)을 비추는 빛이 평행 광선이어야 한다는 것이며, 둘째 조건은 모델과 스크린이 서로 평행한 위치에 있어야 한다는 것이다.

그러면 다음 그림처럼 모양과 크기가 모델과 똑같은 도형이 스크

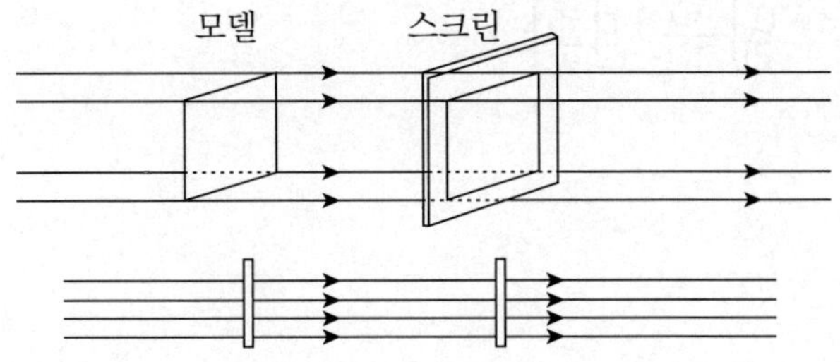

린에 나타나는데, 이것을 합동변환이라고 한다.

이제 그 외의 변환은 어떤 조건들을 가질지 한번 상상해 보자. 빛과 스크린을 변화시켜서 할 수 있는, 가능한 모든 경우를 생각해 보기 바란다.

2 닮음변환

일란성 쌍둥이는 똑같이 생겨서 아주 가까운 사람도 구분하기 힘들 때가 많고 유전자도 같다. 그러나 형제자매간은 '닮았다'라는 표현을 할 때가 많다. 똑같다는 말과 닮았다는 말은 좀 다르다. 닮았다는 것은 뭔가 다른 점이 있지만 비슷하게 생겼다는 말이다. 합동변환과 닮음변환의 차이가 바로 이와 흡사하다.

 ## 닮은도형

우선 준비운동 삼아 다음 문제를 풀어 보자.

아래 모눈종이를 이용하여 사각형 ABCD의 두 배가 되는 도형을 그려라.

이번에는 슬라이드를 사용하여 도형을 스크린에 확대해 보자.

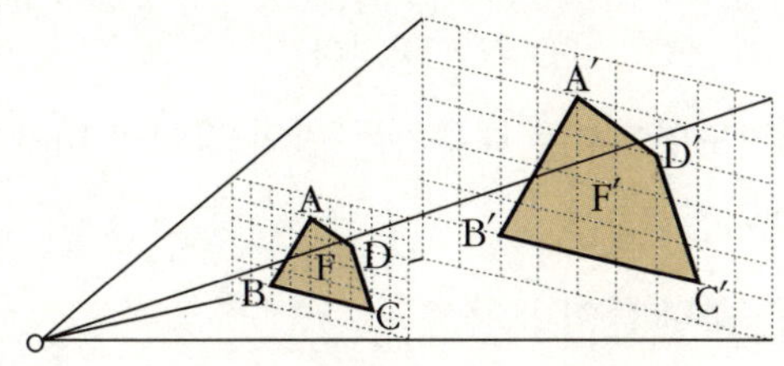

도형 F′는 도형 F를 2배 확대한 것이고, 반대로 도형 F는 도형 F′를 $\frac{1}{2}$로 축소한 것이다.

이와 같이 한 도형을 일정한 비율로 확대하거나 축소한 도형을 '원래의 도형과 닮았다'라고 하거나 '닮음인 관계가 있다'라고 하며, 닮은 두 도형을 닮은도형이라고 한다. 그리고 이처럼 닮은도형으로 옮기는 변환을 닮음변환이라 한다.

앞의 두 도형 F와 F′를 같은 눈금의 모눈종이 위에 나타내 보자.

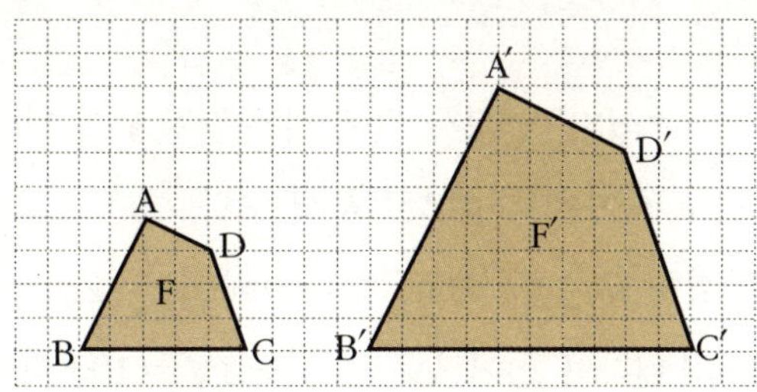

그림에 나타난 것처럼,

$$\overline{\text{AB}} : \overline{\text{A}'\text{B}'} = \overline{\text{BC}} : \overline{\text{B}'\text{C}'} = \overline{\text{CD}} : \overline{\text{C}'\text{D}'} = \overline{\text{DA}} : \overline{\text{D}'\text{A}'}$$

$$= 1:2 \text{이고}$$

$$\angle A = \angle A', \ \angle B = \angle B',$$

$$\angle C = \angle C', \ \angle D = \angle D' \text{이다.}$$

두 닮은 평면도형에서는 대응하는 변의 길이의 비가 일정하며 대응하는 각의 크기가 같다.

쉬운 문제를 하나 풀어 보자.

오른쪽 그림에서 △ABC와 △A'B'C'는 닮은꼴이다.

(1) $\angle A' + \angle C'$의 크기를 구하여라.

(2) △ABC와 △A'B'C'의 닮음비를 구하여라.

(3) 변 B'C'의 길이를 구하여라.

이 문제는 아주 쉽지만, 식사 전에 식욕을 돋우기 위해 먹는 전채 요리라 생각하고 즐거운 마음으로 풀어 보자.

(1) 두 삼각형이 닮은꼴이므로 $\angle B' = 80°$이고, $\angle A' + \angle B' + \angle C' = 180°$(삼각형의 내각의 합)이므로, $\angle A' + \angle C' = 100°$다.

(2) 닮은꼴에서는 대응하는 변의 길이가 곧 닮음비이므로, $\overline{AC} : \overline{A'C'} = 10:5 = 2:1$

(3) 대응하는 변의 길이의 비는 일정하므로,

$$\overline{AC} : \overline{A'C'} = \overline{BC} : \overline{B'C'}$$

$$10 : 5 = 8 : x$$

$$10x = 40$$

$$x = 4$$

$$\therefore \ \overline{B'C'} = 4\text{cm}$$

이러한 닮음 관계는 평면도형에서뿐만 아니라 입체도형에서도 생각해 볼 수 있다.

다음의 사면체 V−ABC를 두 배로 확대해 보자.

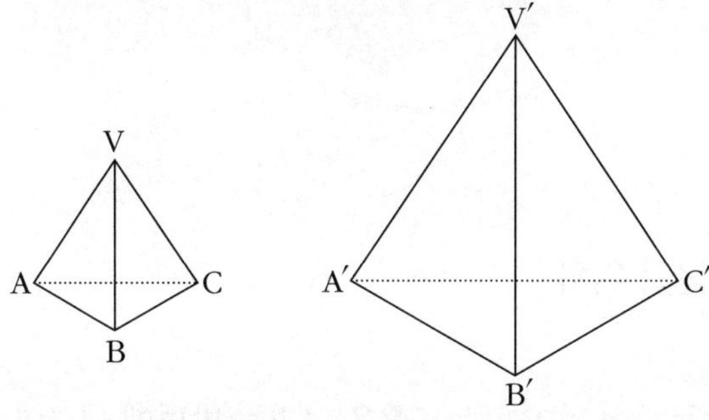

확대해 놓은 사면체는 처음의 것과 크기는 다르지만 모양은 같다.

이와 같이 한 입체도형을 일정한 비율로 축소, 확대하거나 그대로 다른 도형에 일치시킬 수 있을 때 이 두 도형은 서로 닮았다고 한다. 두 입체도형이 서로 닮았다면 대응하는 면끼리도 닮은꼴이며, 따라서 대응하는 선분의 길이의 비가 일정하다.

닮음의 위치

이제 모눈종이 없이 닮은도형을 그리는 방법에 대하여 알아보자.

여기에 한 점 O와 선분 AB가 있다. 먼저 O에서 A, B를 지나는 반직선을 긋고 $\overline{OA} = \overline{AA'}$, $\overline{OB} = \overline{BB'}$ 가 되는 점 A′와 B′를 잡아 잇는다.

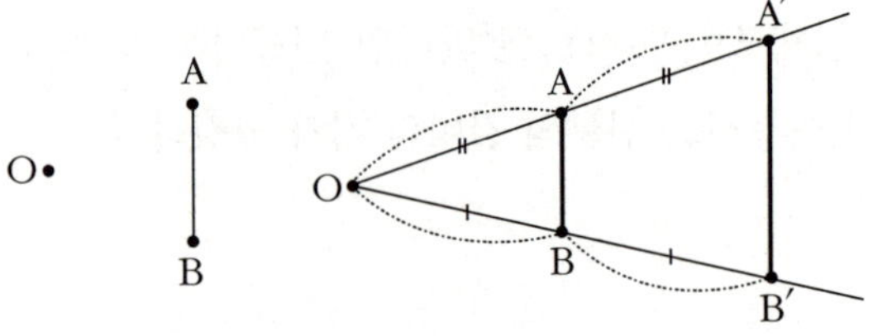

그러면 선분 AB와 선분 A′B′는 평행이고, △OAB와 △OA′B′는
닮은꼴이므로 $\overline{AB} : \overline{A'B'} = \overline{OA} : \overline{OA'} = \overline{OB} : \overline{BB'} = 1:2$다.

이런 방법으로 다음의 사각형 ABCD를 2배로 확대하여 보자.

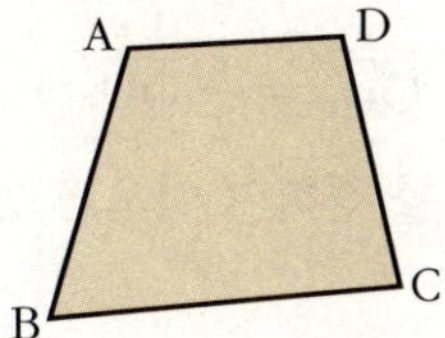

방법은 간단하다. 아래 그림처럼 사각형 ABCD의 밖에 한 점 O
를 잡고 이 점과 사각형 ABCD의 각 꼭지점을 지나는 반직선 위에

$$\overline{OA'} = 2\overline{OA}, \quad \overline{OB'} = 2\overline{OB},$$

$$\overline{OC'} = 2\overline{OC}, \quad \overline{OD'} = 2\overline{OD}$$

가 되는 점 A′, B′, C′, D′를 잡아서 이으면 된다.

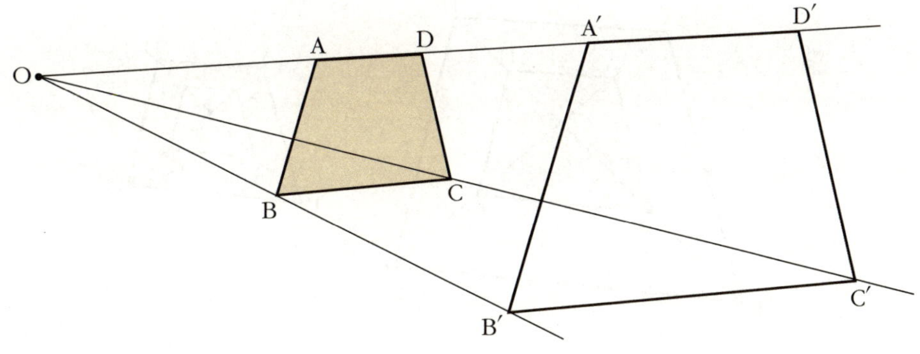

이번에는 같은 사각형 ABCD를 $\dfrac{1}{2}$로 축소해 보자.

역시 점 O를 사각형의 바깥에 잡는 방법으로 하면, 사각형 ABCD의 각 꼭지점에서 점 O를 지나는 반직선 위에

$$\overline{OA'} = \dfrac{1}{2}\,\overline{OA},\ \overline{OB'} = \dfrac{1}{2}\,\overline{OB},$$

$$\overline{OC'} = \dfrac{1}{2}\,\overline{OC},\ \overline{OD'} = \dfrac{1}{2}\,\overline{OD}$$

가 되는 점 A′, B′, C′, D′를 정하여 이으면 된다.

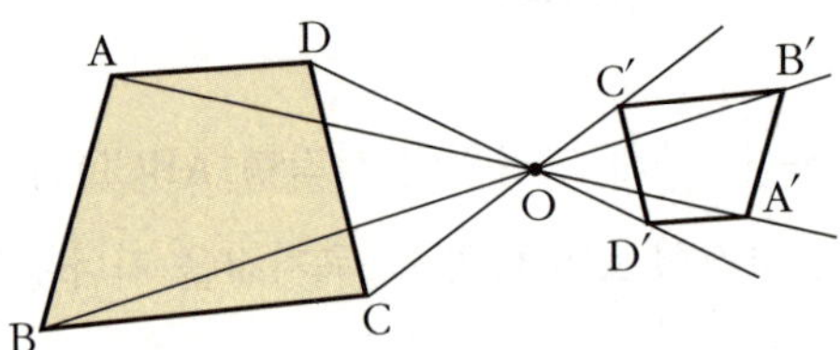

또 사각형 ABCD를 2배 확대하거나 $\dfrac{1}{2}$ 축소할 때 점 O를 사각형의 안쪽에 잡는 방법도 있다.

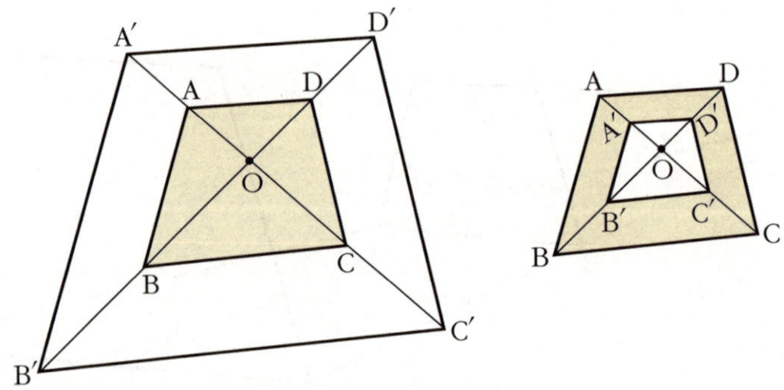

이러한 경우 두 도형이 닮음의 위치에 있다고 하고, 이때 점 O를 닮음의 중심이라고 한다.

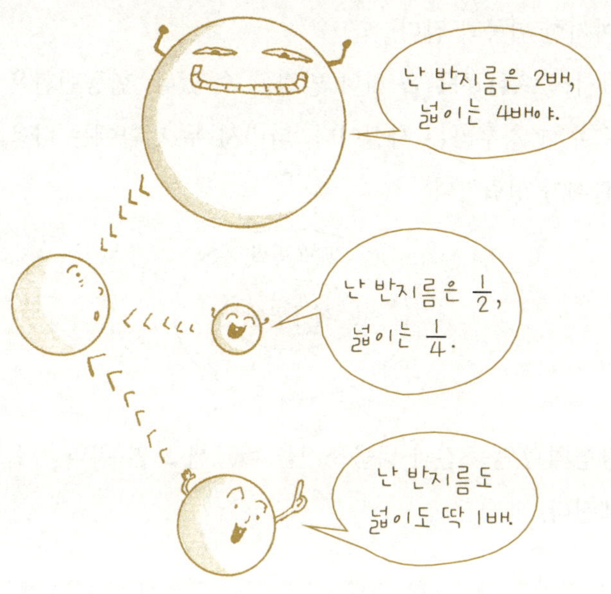

여기에서는 2배와 $\frac{1}{2}$ 배만 예로 들었지만, 닮음비가 3, 4, 5, …, 또 $\frac{1}{2}$, $\frac{1}{3}$, $\frac{1}{4}$, …인 도형도 얼마든지 그릴 수 있다.

우리는 일반적으로 'k배'($k>0$)라고 하면 확대하는 것만 생각하기 쉬운데, 그것은 $k>1$인 경우에만 해당한다. $0<k<1$일 때, 즉 k의 값이 $\frac{1}{2}$, $\frac{1}{3}$, $\frac{1}{4}$, …인 경우는 도형이 축소된다. 그러므로 k배($k>0$)라는 말은 축소와 확대를 함께 일컫는다.

이때, "잠깐!" 하고 소리치는 독자는 사려 깊은 사람이다. 방금 $k>1$일 때는 확대, $0<k<1$일 때는 축소라 했다. 그러면 이 두 조건의 경계인 $k=1$일 때는 어떻게 될까? 바로 이 물음이 있어야 한다.

닮음비가 1인 경우는 원래 도형의 1배라는 뜻이므로 확대도 축소도 아니며, 본래의 모습을 그대로 간직하는 경우다. 이것은 앞에서 이야기한 합동과 같다.

여기서 중요한 사실을 하나 발견할 수 있다. 합동변환은 닮음변환의 특수한 경우라는 사실이다. 따라서 두 변환에는 다음과 같은 포함 관계가 성립한다.

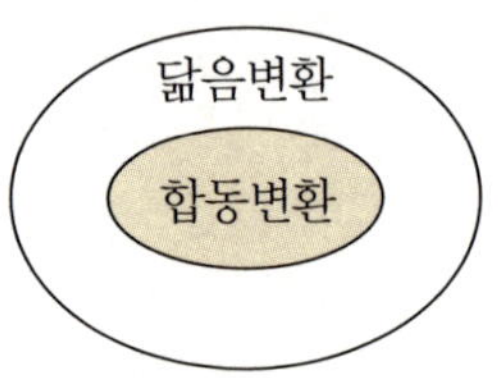

삼각형의 합동조건과 닮음조건을 비교해 보면 위의 사실이 더욱 명확해진다.

	합동조건	닮음조건
① SSS	세 쌍의 대응하는 변의 길이가 같을 때	세 쌍의 대응하는 변의 길이의 비가 같을 때
② SAS	두 쌍의 대응하는 변의 길이가 같고, 그 끼인각의 크기가 같을 때	두 쌍의 대응하는 변의 길이의 비가 같고, 그 끼인각의 크기가 같을 때
③ ASA	두 쌍의 대응하는 각의 크기가 같고, 그 사이에 있는 변의 길이가 같을 때	두 쌍의 대응하는 각의 크기가 같을 때(결국 세 각이 같음)

길이의 비가 1:1로 같을 때는 결국 같은 길이가 되므로 합동은 닮음의 특수한 경우다.

이제 닮음변환을 빛과 스크린의 관계로 설명해 보자.

앞에서 합동변환은 평행인 광선에 대해 모델과 스크린이 평행 상태로 놓인 경우라는 것을 알았다.

이에 비해 닮음변환은 첫째, 평행 광선이 아닌, 한 점에서 발사된 빛이 모델을 비추며, 둘째, 모델과 스크린이 평행 상태다. 다시 말해 모델과 스크린의 관계는 그대로이나 빛이 발사되는 모양이 합동변환과 다르다.

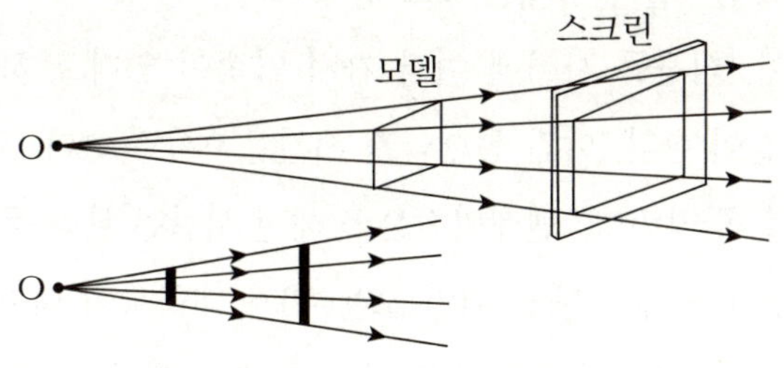

그 결과 달라진 점이 무엇인가? 합동변환에서는 크기가 같다는 조건이 중요했는데, 닮음변환에서는 이 조건이 무의미해졌다. 커도 좋고 작아도 좋고 같아도 좋다. 크기가 꼭 같아야 한다고 구속하던

조건이 하나 없어졌으므로 닮음변환이 합동변환에 비해 자유로워진 것이다. 그러나 변환에서는 없어진 조건과 함께 아직 변하지 않은 것이 무엇인지를 알아내는 일도 중요하다.

예를 들어, 식구들 사이에 여러 가지 약속이 있다고 하자. 아침식사는 꼭 같이 한다, 야간 통행금지 시간은 9시로 한다, 외출할 때는 행선지를 꼭 알린다, 텔레비전은 정해진 시간만 본다 등등.

그런데 형제 중에서 제일 위인 오빠(형)가 대학생이 되자 늦을 수밖에 없는 날이 많아져 부모님과 상의 끝에 통행금지 시간을 없앴다고 하자. 그러면 오빠는 활동을 구속하던 9시에서 자유로워진다. 하지만 그 외의 약속은 여전히 지켜야 한다. 타당한 이유에 의하여 면제받기 전까지는.

　마찬가지로 합동변환에 비해 자유로워진 닮음변환에도 변하지 않는 구속 조건들이 있다.

　첫째, 점의 위치의 순서 관계는 변하지 않는다.

　둘째, 선분의 길이의 비는 변하지 않는다.

　셋째, 각의 크기는 변하지 않는다.

　넷째, 평행 관계도 변하지 않는다.

　다섯째, 평면도형일 때 넓이의 비와 입체도형일 때 부피의 비는 (각각 닮음비의 제곱과 세제곱으로) 일정하다.

　닮음변환은 합동변환에서 '크기'가 자유로워진 것이라고 했는데, 아직도 변하지 않은 조건이 많다. 다음에는 이 중 어느 조건을 자유롭게 할 수 있을지 궁금하지 않은가?

3 아핀변환

앞에서 살펴본 합동변환과 닮음변환은 모델과 스크린이 평행하다는 점은 같았으나 빛을 비추는 방법이 달랐다.

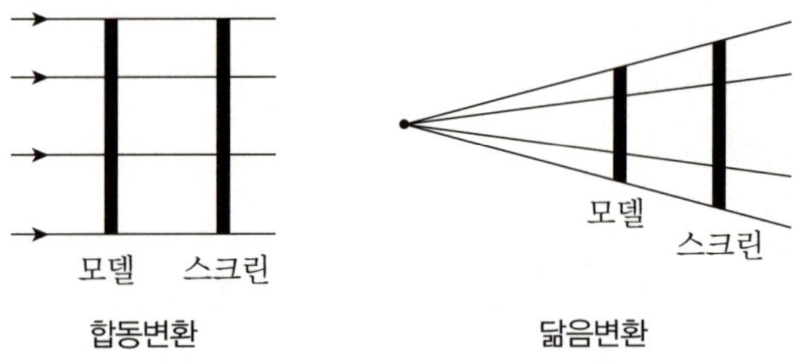

아핀변환은 바로 이 두 변환의 공통점을 깨뜨리는 변환이다. 다시 말해 모델과 스크린이 평행이어야 한다는 조건을 빼 버린다. 단, 이때 빛은 합동변환에서처럼 평행으로 비추어야 한다.

뭔가 많이 달라질 것 같은 예감이 들지 않는가? 모델과 스크린이 평행이 아니어도 된다고만 했지 그 각도가 정해진 것이 아니므로, 스크린을 여러 각도로 움직여 보면 나타나는 도형의 모양이 달라질

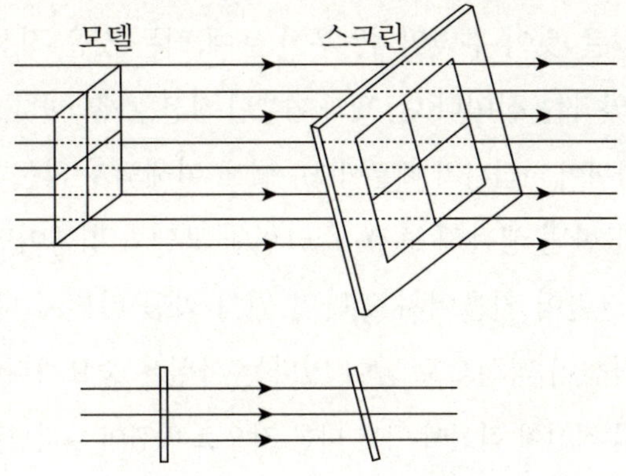

것이다(그러나 이 모든 변화에도 달라지지 않은 조건은 무엇인가? 이것이 우리의 관심사임을 잊지 말자).

이 변환의 이름은 아핀변환이다. '아핀(affine)'이란 단어는 '친척 관계의, 비슷한'의 뜻을 가진 형용사다. 이 단어의 뜻을 그대로 담아줄 만한 적당한 우리말이 없어서 그냥 원어 그대로 아핀변환이라고 부른다.

이제 아핀변환에서는 어떤 조건이 자유로워지고 어떤 조건이 변하지 않고 있는지 알아보기 위하여 앞의 그림에 나온 사각형을 다시 살펴보자.

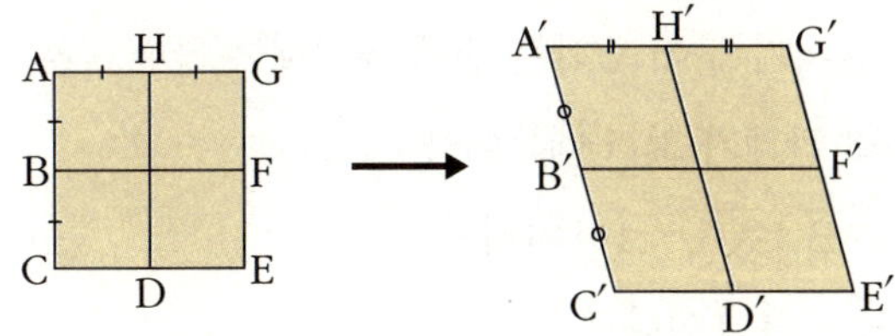

변하지 않은 것이 무엇인가? 우선 눈에 띄는 것은 직선이 직선 그 대로 남아 있다는 점이다(단, 빛과 평행인 직선은 제외한다. 이때의 직선 은 점으로 바뀌어 나타나기 때문이다). 쉽게 이해되지 않는다면 모델이 원인 경우를 한번 생각해 보자. 스크린이 모델과 평행이면 원이 나오 겠지만, 스크린이 기울어져 있다면 원이 아닌 타원이 나올 것이다. 그러므로 직선이 직선으로 남아 있다는 사실은 중요하다(눈치가 빠른 사람은 '그럼 직선이 직선이 아닌 다른 것으로 바뀌어 나타나는 경우도 있 는 모양이구나' 하고 생각할 것이다. 맞다. 궁금하겠지만 조금만 기다리자).

게다가 그림에서 보는 것처럼 평행 관계도 그대로 유지된다.

$$\overline{AG} \parallel \overline{BF} \;\Rightarrow\; \overline{A'G'} \parallel \overline{B'F'}$$

$$\overline{BF} \parallel \overline{CE} \;\Rightarrow\; \overline{B'F'} \parallel \overline{C'E'}$$

또 같은 직선상에 있는 선분끼리의 비는 변하지 않는다. 앞의 그 림에서 금방 드러나듯이 본래,

$$\overline{AH} = \overline{HG} = \overline{AB} = \overline{BC} \ 로$$

$$\overline{AH} : \overline{HG} = 1:1, \ \ \overline{AB} = \overline{BC} = 1:1$$

인데, 아핀변환에 의해서 생긴 도형에서는,

$$\overline{A'H'} : \overline{H'G'} = 1:1, \ \ \overline{A'B'} : \overline{B'C'} = 1:1$$

로 선분의 길이의 비가 변하지 않는다. 그러나 이때 '같은 직선상에 있는'이라는 단서가 붙어 있다는 점에 유의해야 한다. 다른 직선 위에 있으면 아무런 관계가 없기 때문이다.

위에서도 $\overline{AB} : \overline{AH} = 1:1$이지만

$\overline{A'B'} : \overline{A'H'} \neq 1:1$이다.

지금까지 발견한 것을 정리해 보면 아핀변환을 했을 때,

첫째, 점의 위치 관계는 변하지 않는다.

둘째, 직선은 직선으로 옮겨진다.

셋째, 평행 관계는 그대로 지켜진다.

넷째, 같은 직선상에 있는 선분끼리의 비는 변하지 않는다.

다섯째, 각의 크기는 변할 수 있다.

아핀변환은 닮음변환에서 지켜졌던 조건들로부터 많이 자유로워 졌다. 새로 첨가된 조건이 있는 것도 아니다. 따라서 아핀변환의 특 수한 경우가 닮음변환인 셈이다.

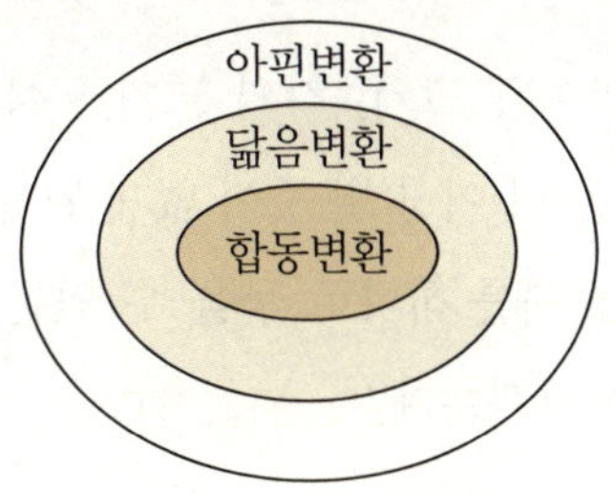

정사각형을 아핀변환에 의해 옮기면 여러 가지 모양의 평행사변 형(평행 관계는 유지되어야 하므로)이 되고, 원을 아핀변환에 의해 옮 기면 여러 가지 타원이 된다. 이처럼 같은 모델을 아핀변환에 의해 옮겼을 때 나타나는 도형을 '아핀적으로 합동이다'라고 한다. 따라 서 모든 사각형, 모든 타원, 모든 삼각형, 모든 선분은 각각 아핀적 으로 합동이다.

우리가 어느 도시에 사느냐만 문제 삼는다면 나이, 성별, 직업, 미모에 관계없이 서울에 살고 있는 사람을 모두 같은 사람으로 파 악하듯이, 아핀적으로 합동이냐만을 문제 삼는다면(이것이 아핀 기하

아핀적으로 합동인 도형들

학이다) 도형의 모양이나 크기, 각의 크기, 선분의 길이, 삼각형의 크기, 원 등의 개념은 더 이상 별 뜻이 없게 된다.

　서로 다른 많은 낱개를 하나로 묶을 수 있는 공통점을 찾아내는 것은 즐거운 일이 아니겠는가?

4 사영변환

데카르트가 좌표평면을 만들고 도형을 수식과 연결시킨 해석 기하학을 발전시키면서 기하학은 대수($代數$)적인 경향이 강해졌다. 그러나 한편에서는 도형을 수식으로 나타내면 그 성질을 파악하기 힘들므로 도형을 그대로 놓고 연구해야 한다는 주장이 제기되었다.

이들은 미술과 건축술에서 시작된 기하학을 바탕으로 새로운 연구를 해 냈는데, 그 결과가 바로 사영 기하학이다.

투시법

르네상스 시대에는 학문과 예술의 발전이 두드러졌다. 특히 미술 분야에서는 우리가 투시법(원근법)이라 부르는 기법이 등장했다.

원근법이란 그림 그리는 사람이 시선을 고정한 상태에서 눈에 보이는 대로 그리는 것으로, 눈에 보이지 않는 부분까지 그림에 넣거나 멀고 가까운 것을 무시하던 이전과는 다른 방식이었다.

예를 하나 들어 보자. 지금 저만큼 떨어진 마룻바닥에 커다란 직사각형 ABCD가 있다고 하자. 내가 이쪽에 똑바로 서서 내려다본다면 어떤 모양으로 보이겠는가?

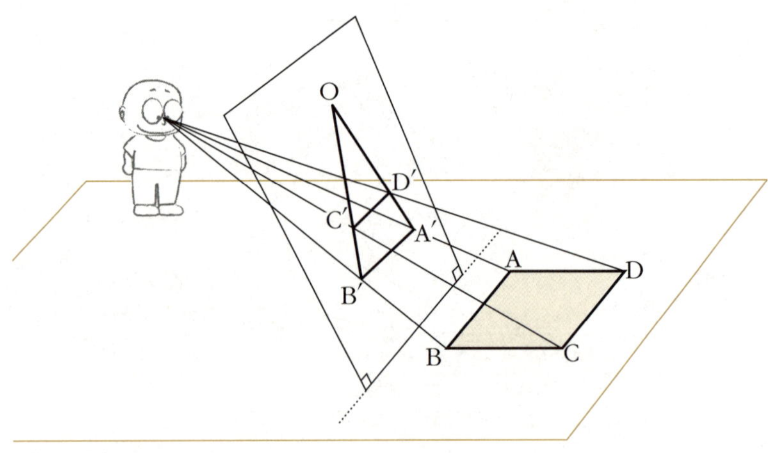

직사각형 ABCD와 나의 눈 사이의 바닥에 수직인 평면이 있다고 하자. 이 수직면 위에 눈에 보이는 대로의 직사각형 ABCD를 옮기려면 어떻게 하면 될까? 이건 '누워서 떡 먹기'다. 내 눈과 직사각형의 각 꼭지점을 잇는 선분이 수직면과 만나는 네 점을 이으면 된다.

그러면 위의 그림처럼 직사각형 ABCD가 사각형 A′B′C′D′ 모양이 되는데, 바로 이것이 우리 눈에 비치는 모습이다.

이때 AB와 CD는 평행이지만 그것과 대응하는 A′B′와 C′D′는 평행이 아니어서, 두 선분을 길게 연장해 보면 한 점 O에서 만날 것처럼 보인다.

이것은 평행선인 철도가 저 멀리에서 만나는 것처럼 보이는 것과 같은 이치다. 레오나르도 다 빈치의 유명한 그림 〈최후의 만찬〉, 17세기 네덜란드 화가 야코프 반 로이스달의 〈밀밭〉에서 볼 수 있는 것처럼 미술에서 시작된 이런 방법은 곧 수학자들에 의해 연구되어 새로운 기하학으로 나타났다.

야코프 만 로이스달, 〈밀밭〉

18세기에는 큰 건물의 설계도를 그릴 때 복잡한 계산이 필요했다. 그러다 보니 기하학적인 작도로 한눈에 전체적인 구조를 나타내 보일 수 없을까 하는 현실적인 탐구가 나타났다. 그 결실이 바로 몽주(Gaspard Monge, 1746~1818)의 **화법(畵法) 기하학**이다.

이 화법 기하학의 주요 내용은, 입체도형을 평면도형으로 나타내는 것, 즉 3차원 공간에 있는 입체를 2차원 공간인 도화지 위에 묘사하는 방법과, 입체도형의 모양이나 위치에 관한 명제를 찾아내는 것으로 요약할 수 있다.

어떤 입체도형의 모양을 정확히 파악하려면 어떻게 해야 할까? 짓고 있는 건물의 완성된 모습을 위에서 내려다보듯이 그린 조감도나, 한 방향에서 본 모습을 대략적으로 그린 겨냥도는 일부만을 보여 주기 때문에 전체를 파악하기 어렵다. 전개도가 유용할 때도 있지만 전개도를 그릴 수 없는 도형도 있다. 그렇다고 도형의 여기저기를 다 그려 놓으면 너무 복잡해진다. 모양을 파악할 수 있는 최선의 방법은 무엇일까?

다음의 세 가지면 된다.

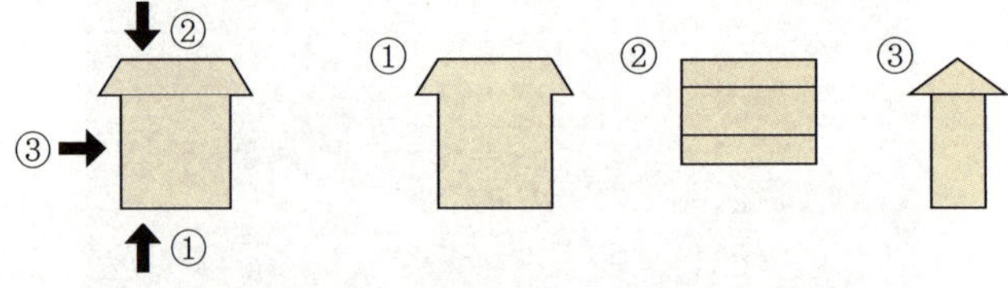

① 정면에서 보는 경우: 입면도

② 위에서 보는 경우: 평면도

③ 옆에서 보는 경우: 측면도

이런 모양들을 가장 쉽게 아는 방법은 각 방향에서 도형에 빛을 비추어 벽에 나타난 그림자를 보는 것이다.

이 세 그림을 하나의 종이에 나타낼 수 있는 방법은 무엇일까? 교실을 떠올려 보자. 교실 가운데에 한 입체도형을 놓는다. 이때 커다란 종이를 바닥과 칠판 쪽 벽과 문에 붙인다. 그러고는 각각 앞, 위, 옆에서 평행 광선을 비추어 각 종이에 생기는 그림자의 윤곽을 따라 선을 긋는다. 종이를 그대로 떼어 내면 그것이 바로 투영도(投影圖)가 된다.

몽주는 이러한 방법으로 입체도형을 연구하여 화법 기하학(투영법)을 완성하였다.

1746년 프랑스에서 태어난 몽주는 열네 살 때 소화 펌프(일종의 소화기)를 발명하여 주위 사람들을 놀라게 하는 등 남다른 재능을 보였다. 열여섯 살 때는 그가 사는 본(Beaunne) 시의 지도를 만들었는데, 종래의 것과 비교가 안 될 만큼 정확했다고 한다.

몽주의 아버지는 이 뛰어난 아들이 육군 학교에 들어가 일찍 출세하기를 바랐다. 그러나 좋은 가문의 자제만을 받는 이 학교에서는 가난한 행상의 아

몽주(1746~1818)

들을 받아 주지 않아, 몽주는 다른 학교로 가야 했다.

그 후 새로운 요새를 구축한다는 소문이 들리자 몽주는 설계도를 작성하여 그곳으로 달려가 사람들에게 인정을 받았다. 특히 그의 재능을 인정한 육군 학교에서 그를 교수로 채용하였다. 이 얼마나 재미있는 일인가? 집안이 보잘것없다고 입학을 허가하지 않았던 학교에 교수로 들어간 것이다. 육군 학교에서 더욱 연구에 몰두한 그는 파리 과학 아카데미에 초대받는 유명한 수학자가 되었다.

1799년, 나폴레옹이 쿠데타를 일으켜 권력을 잡자 그 쿠데타에 찬성하는 입장이던 몽주는 곧 나폴레옹의 측근이 되었다.

나폴레옹은 몽주의 건의에 따라 경제적 지위, 사회적 신분, 문벌에 따라 차별 대우를 받지 않고 입학 시험만으로 학생을 선발하는 학교를 설립하였는데, 이 학교가 유명한 고등 사범학교(École Normale Supérieure)와 에콜 폴리테크니크다.

몽주는 이 에콜 폴리테크니크의 교수가 되어 화법 기하학을 가르쳤으며, 나폴레옹이 황제가 된 후로는 상원의원직과 백작 칭호를 얻어 귀족이 되었다.

그러나 1815년에 나폴레옹이 폐위되고 루이 18세가 즉위했을 때 새로운 왕에 대한 충성을 거부하여 공직에서 추방당하는 등 박해를 받다가 1818년 화병으로 죽고 말았다.

사영과 절단

(평면) 사영 기하학은 '사영(射影)'과 '절단(切斷)'이라는 두 가지 기본 개념을 통해 도형의 성질을 연구하는 분야다. 처음부터 어려운 단어가 나와 좀 막막할지도 모르지만, 알고 보면 재미있는 내용이니 좀더 살펴보자.

사영〔projection〕이란 어떤 한 점에서 발사되어 대상물에 가 닿는 빛(직선)의 집합이다. 쉽게 말하면 내가 평면 위에 있는 어떤 도형을 바라볼 때 내 눈과 도형을 구성하는 모든 점을 잇는 직선의 집합을 말한다.

예를 들어 평면 위에 원이 있다면 나의 눈과 원 위의 점을 다 연결하면 원뿔이 나오는데, 이 원뿔은 꼭지점(내 눈)에서의 원의 사영이 된다. 평면 위의 도형이 삼각형이라면 삼각뿔이 될 것이다.

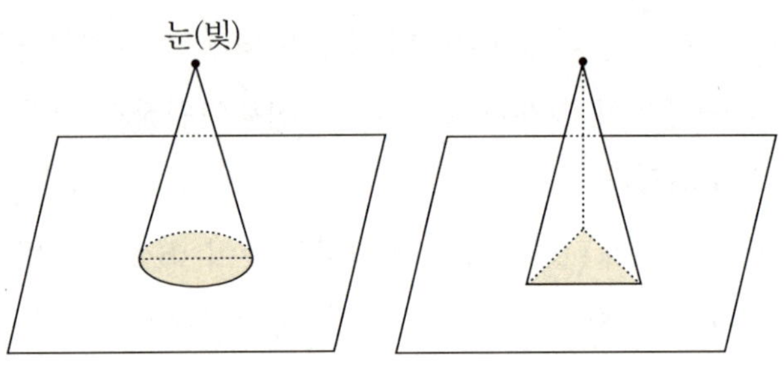

이번에는 투명한 유리로 된 스크린(평면)을 준비하여 눈이 있는 위치와 위의 입체도형 사이에 집어넣어 보자. 이렇게 중간을 자르는 일, 또 그렇게 잘랐을 때 스크린에 나타나는 도형을 **절단**이라고 한다.

위의 두 도형을 절단해 보자.

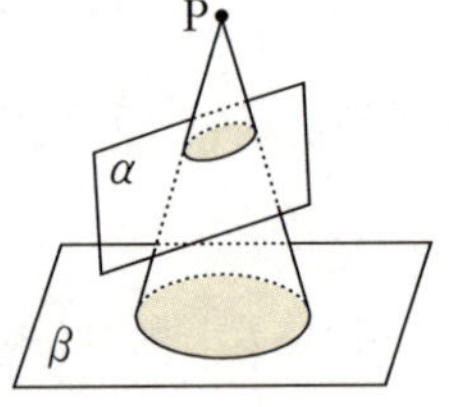

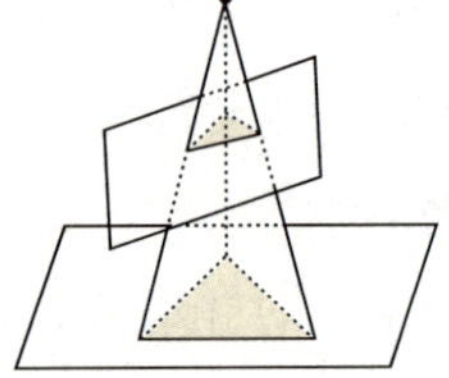

자르는 평면 α의 각도에 따라 절단의 모양이 달라진다는 것은 쉽게 짐작할 수 있다.

그러고 보니 위의 왼쪽 그림은 언젠가 본 듯하다. 바로 아폴로니

오스의 원뿔곡선 연구에서였다. 아폴로니오스는 원뿔을 기울기가 다른 평면으로 자랐을 때 자르는 평면이 바닥과 평행일 때의 절단은 원, 조금 더 기울이면 타원, 그보다 더 기울이면 포물선이 되고, 두 개의 맞닿은 원뿔에서 바닥과 수직이 되도록 자르면 쌍곡선이 됨을 밝혔다(자세한 내용은 《수학은 아름다워 1》 204~206쪽 참조).

이번에는 절단하는 평면이 원뿔의 꼭지점을 지나게 해 보자. 절단이 쌍곡선이 된 상태에서 평면이 꼭지점을 지나도록 하면 절단은 두 개의 직선이 된다. 여전히 꼭지점을 지나는 채로 평면을 기울이면 어떻게 될까? 만나는 각도가 점점 작아지는 직선이 되다가 평면이 원뿔의 한 모선을 지나면 한 직선이 되고, 마침내 평면이 원뿔을 벗어나면 꼭지점만 만나게 되므로 점이 된다.

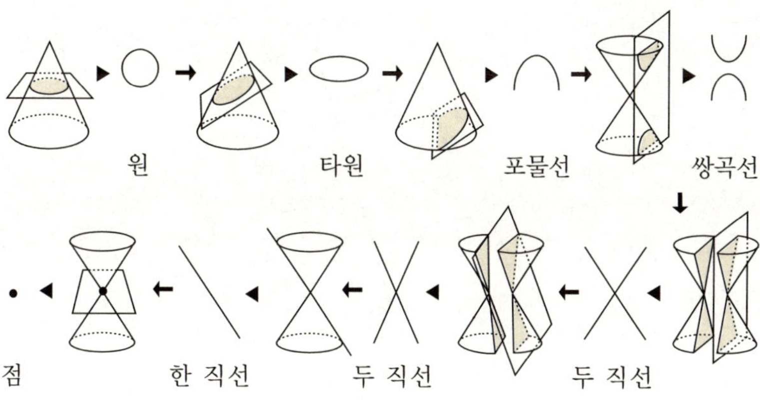

결국은 원뿔에 대한 절단으로 원, 타원, 포물선, 쌍곡선, 직선, 극단적으로는 점까지도 얻을 수 있다. 사영과 절단의 시각에서 보면 이들을 모두 원뿔곡선으로 볼 수 있으므로 그만큼 포괄적으로 도형

을 연구할 수 있게 된 것이다.

이처럼 같은 사영에 대하여 얻은 서로 다른 절단들 사이의 공통적 특징(변하지 않는 성질)을 연구하는 기하학이 바로 사영 기하학이다.

사영과 도형의 성질

이번에는 하나의 평면 위에 있는 도형을 다른 평면 위로 옮기는 사영에 관해 알아보자.

α라는 평면 위에 있는 점 P를 점 O에서 β에 사영해 보자. OP를 잇는 직선이 β와 만나는 점을 찾으면 된다.

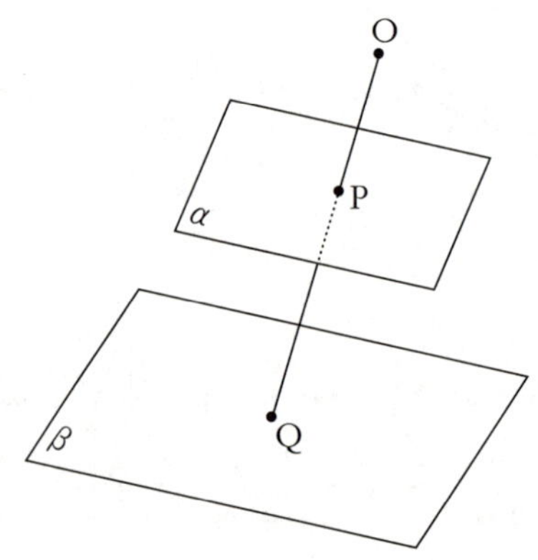

다음 그림은 α 위의 원을 β라는 평면 위에 사영한 것인데 β에 나타난 도형은 타원이 되었다.

이처럼 사영을 하면 도형의 모양은 변하지만 직선은 직선으로,

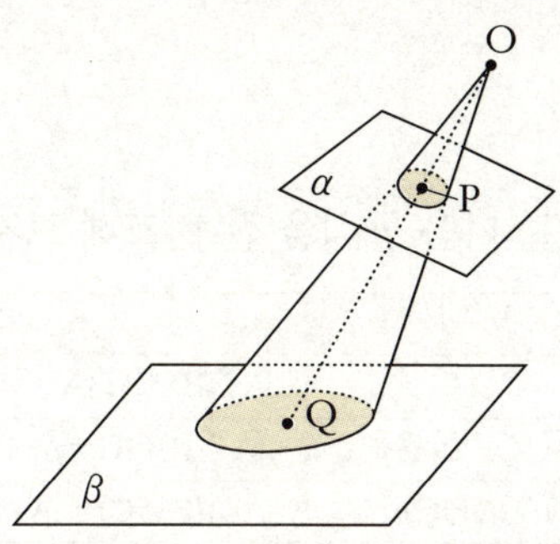

원은 원·타원·포물선·쌍곡선 등의 원뿔곡선으로, 도형의 교점은 교점으로 각각 일정하게 옮겨진다. 이러한 사영의 성질을 이용하면 도형의 성질에 관한 내용을 증명할 때 편리하다.

예를 들어, 원에 내접하는 육각형의 밑변의 교점(아래 왼쪽 그림의 점 A, B, C)이 한 직선 위에 있다는 것이 증명되면, 사영에 의해 원을 타원으로 옮겼을 때 타원에도 같은 성질(아래 오른쪽 그림의 점 A′, B′, C′가 한 직선 위에 있다)이 성립함을 알 수 있다.

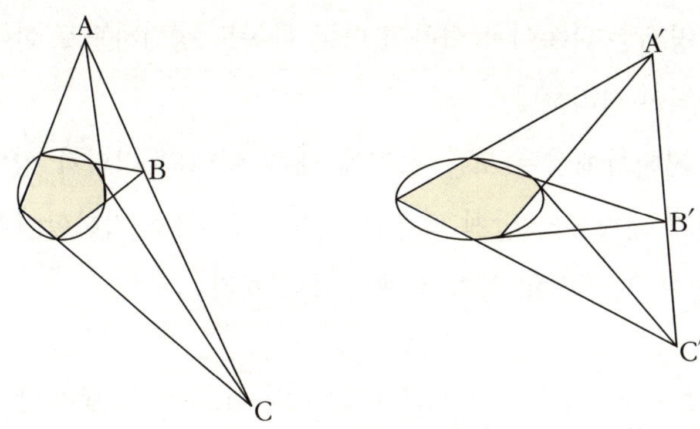

∷ 쌍대의 원리

우리가 잘 알고 있는 다음 공식을 잘 비교해 보자.

(가)	(나)
① $A \cup B = B \cup A$	$A \cap B = B \cap A$
② $(A \cup B) \cup C = A \cup (B \cup C)$	$(A \cap B) \cap C = A \cap (B \cap C)$
③ $A \cup (B \cap C) = (A \cup B) \cap (A \cup C)$	$A \cap (B \cup C) = (A \cap B) \cup (A \cap C)$
④ $(A \cup B)^c = A^c \cap B^c$	$(A \cap B)^c = A^c \cup B^c$
⑤ $U^c = \phi$	$\phi^c = U$
⑥ $A \cup \phi = A$	$A \cap U = A$
⑦ $A \cup U = U$	$A \cap \phi = \phi$
⑧ $A \cup A^c = U$	$A \cap A^c = \phi$

이 공식들을 자세히 비교해 보면, (가)와 (나)의 차이는 $\cup$을 $\cap$로, ϕ(공집합)를 U(전체집합)과 바꾸었을 뿐이라는 것을 눈치채게 된다.

이처럼 공식 속에 있는 낱말을 그것과 상대적인 뜻을 가진 낱말로 바꿔 놓았을 때 역시 하나의 공식이 성립하면 이 두 공식 사이에 '쌍대(雙對)의 원리가 성립한다'라고 말한다. 거꾸로 말하면, 서로 쌍대인 명제는 한쪽이 성립하면 다른 한쪽도 성립하므로 한쪽만 증명하면 되어 편리하다.

사영 기하학에서는 모든 정리에 대해 쌍대의 원리가 성립하며, 이 원리가 가장 아름답게 적용된 예가 바로 사영 기하학이기도 하다. 유명한 '파스칼의 정리'를 예로 들어 보자.

> 원뿔곡선에 내접하는 임의의 육각형에서 대응하는 세 쌍의 변의 연장선이 만나는 세 점은 한 직선 위에 있다.

4장 변환의 마술

이 정리에서 '내접'과 '외접', '변'과 '꼭지점', '점'과 '직선'을 바꾸면 다음과 같이 된다.

이 정리는 1806년 브리앙숑(Brianchon, 1785~1864)이 파스칼의 정리를 증명하다가 발견한 유명한 정리다.

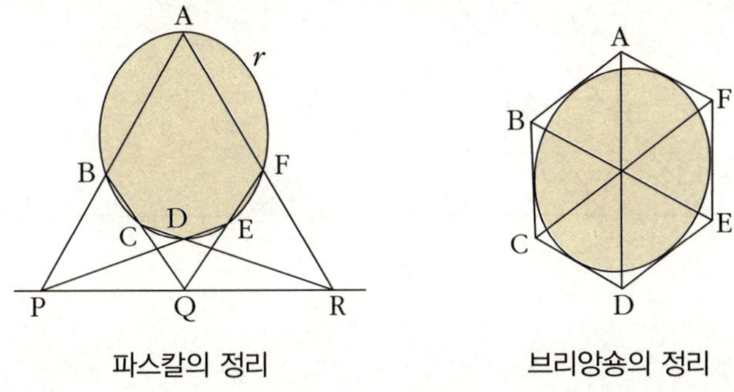

파스칼의 정리   브리앙숑의 정리

조금 어렵게 느껴지겠지만, 이 쌍대의 원리를 사영 기하학의 시조라 할 수 있는 데자르그(Desargues, 1593~1662)의 정리에 적용해 보자(데자르그는 전문 수학자가 아니라 건축가였으며, 이 이론은 당시의 사람들에겐 이해되지 못하다가 200여 년이 지난 후에야 인정받게 되었다).

'점'과 '직선'을 바꾸어 쌍대를 만들어 보자.

이 쌍대는 분명 하나의 정리로서 성립한다.

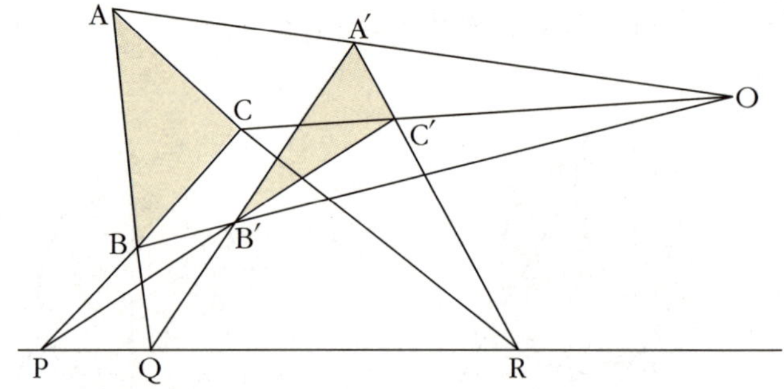

사영 기하학을 완성시킨 쌍대의 원리를 밝힌 사람은 프랑스 수학자 퐁슬레(Jean Victor Poncelet, 1788~1867)다.

퐁슬레(1788~1867)

퐁슬레는 1788년 프랑스 메스에서 태어났고 그곳 리세(프랑스의 대학 예비 학교)에서 공부했다. 1807년에서 1810년까지는 에콜 폴리테크니크에서 몽주의 지도를 받았다. 학교를 졸업하고 1812년에 나폴레옹의 러시아 원정에 참가하였다가 전투 중에 부상을 당하여 포로 수용소에서 2년을 보내야 했다.

그러나 그는 이 2년을 헛되이 보내지 않고 기억을 더듬어 수학 공부에 몰두하였다. 1813~1814년에 그는 해석 기하학에 관한 책인 《해석학과 기하학의 응용》을 쓰고, 후에 귀국하여 《도형의 사영적 성질에 대하여》라는 책을 저술하였다. 바로 이 책에서 퐁슬레는 쌍대의 원리를 설명하며 사영 기하학을 한층 완성된 형태로 수준을 높여 놓았다.

어려운 상황에서도 학문의 노력을 게을리하지 않은 퐁슬레의 열정은 결국 자기 자신뿐 아니라 스승의 명성까지도 빛나게 했다.

지금까지 사영에 관하여 자세히 살펴보았다. 이제는 합동변환, 닮음변환, 아핀변환과 비교하여 사영변환의 특징을 알아보자.

이들을 구분하는 데 기준이 되는 조건은 두 가지였다. 빛이 비치는(투영) 방법과 스크린과 모델의 상태가 그것이다. 앞의 세 가지 변환을 잘 이해했다면 사영변환의 조건도 금방 알 수 있을 것이다. 그렇다. 첫째 조건인 투영 방법은 중심에서부터 방사선으로 빛이 뻗어 나가는 사영투영이고, 둘째 조건은 모델과 스크린이 자유로운 상태에 있다(평행이 아니어도 된다)는 것이다.

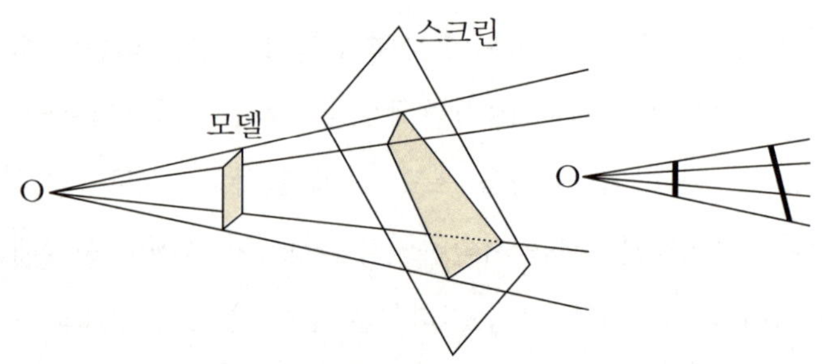

지금까지 살펴본 네 가지 변환을 표와 그림으로 비교해 보자.

	모델과 스크린이 평행	평행이 아니어도 된다
평행투영	합동변환	아핀변환
사영투영	닮음변환	사영변환

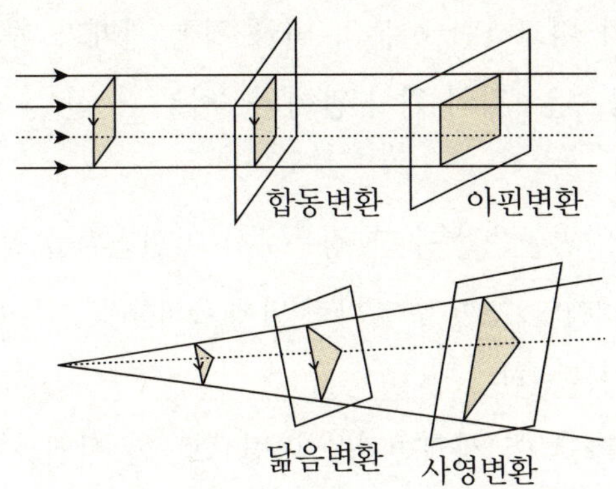

그렇다면 사영변환 후에도 변하지 않은 성질은 무엇일까?

첫째, 점의 위치 관계는 변하지 않는다.

둘째, 선분은 선분으로 옮겨지지만 그것의 비가 변할 수 있다.

셋째, 각의 크기는 변할 수 있다.

넷째, 평행 관계도 변할 수 있다.

아핀변환과 비교하면 선분의 비와 평행 관계가 깨지고 말았다. 이제 남은 규칙은 '점의 위치 관계'와 '선분 → 선분', 이 두 가지뿐이다.

이러한 사영변환은 특수한 경우로서 아핀변환을 포함하고 있다(둘째, 셋째, 넷째의 '변할 수 있다'란 말에 유의하자. 이들이 변하느냐 아니냐에 따라 다른 변환이 된다).

뒤늦게 나타난 이 사영변환을 바탕으로 한 사영 기하학은 한때 '기하학의 왕'이라는 칭호를 얻기도 했다. 그러나 이것이 끝은 아니다. 아직 두 가지 제약이 허물어지지 않고 남아 있으니, 이 중 한 가지만 남게 할 방법은 없는지 신경이 쓰이는 것은 당연하다.

	합동변환	닮음변환	아핀변환	사영변환	?
점의 위치 관계	○	○	○	○	?
선분 → 선분	○ (길이도 같다)	○	○	○	?
선분의 비	○	○ (비만 같고 길이는 변한다)	○ (같은 직선상에 있을 때만)	×	×
각의 크기	○	○	×	×	×
평행 관계	○	○	×	×	×

5 위상변환

위상(位相)은 영어 '토폴로지(topology)'를 번역한 말이다. 그리스어로 '토포스'는 장소를 뜻하므로, '토폴로지'를 글자 그대로 풀이하면 '장소의 이론'이라고 할 수 있다. 그러나 이 학문은 위치(位置)뿐 아니라 형상(形相)도 다루므로 '위상(位相)'으로 번역한 것이다.

위상 수학은 수학 전체를 통합하는 학문으로서 '위상' 혹은 '위상 기하학'으로 불리는데, 처음에는 오일러에 의하여 기하학적으로 출발하였지만 현재는 거의가 대수적인 내용이다.

토폴로지는 대학의 수학과 학생들이 '또모르지'로 부를 만큼 어려운 학문이나, 여기서는 그 기초를 이루는 흥미로운 내용만 훑어보겠다. 중학교 1학년 때 배운 기억을 떠올리며……

위상변환

먼저 우리의 목적인 위상변환이 무엇인지 구체적으로 알아보자.

합동·닮음·아핀변환을 포함하는 사영변환은 '점의 위치 관계'
와 '선분 → 선분'이라는 두 가지 조건만 유지하고 있었다. 여기서
하나의 조건을 덜려면 어떻게 해야 할까?

획기적인 방법이 있다. 스크린이 평면이라는 조건을 없애 버리는
것이다. 다시 말해 스크린이 곡면이어도 되며, 모델과의 위치 관계
는 평행이어도 되고 평행이 아니어도 된다(여기서 위상변환이 사영변
환을 포함한다는 사실을 알 수 있다).

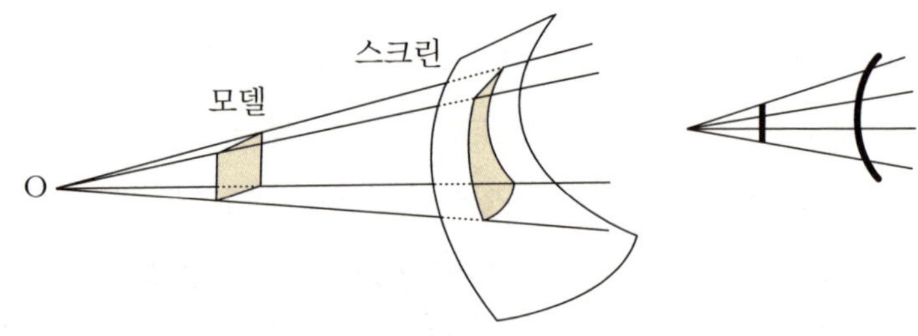

이제는 선분이 선분이 될 수도, 아닐 수도 있게 되었다. 변하지 않
고 남아 있는 것은 점의 위치 관계뿐이다. 이것이 위상변환이다. 이
위상변환과 관련해 변하지 않는 도형의 성질을 연구하는 것이 위상
기하학이다.

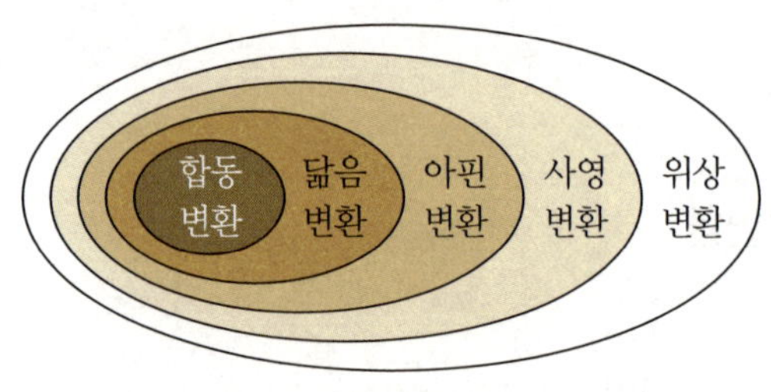

위상 기하학에서는 주로 도형을 이루는 점의 위치 관계, 즉 도형
이 이어졌는지 끊어져 있는지에 주목하여 도형의 성질을 연구한다.

단일폐곡선

다음 세 개의 선은 서로 무엇이 다른지 살펴보자.

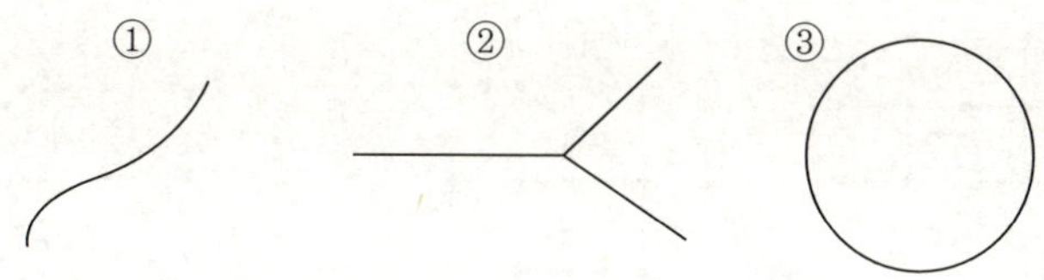

①, ②, ③과 연결 상태가 같은 도형들의 예를 들 수 있겠는가?

이렇게 선으로 연결 상태를 표시해 놓으면 복잡한 상태를 간단하게 파악할 수 있는데, 대표적인 것이 지하철 노선도이다.

문제를 하나 풀어 보자.

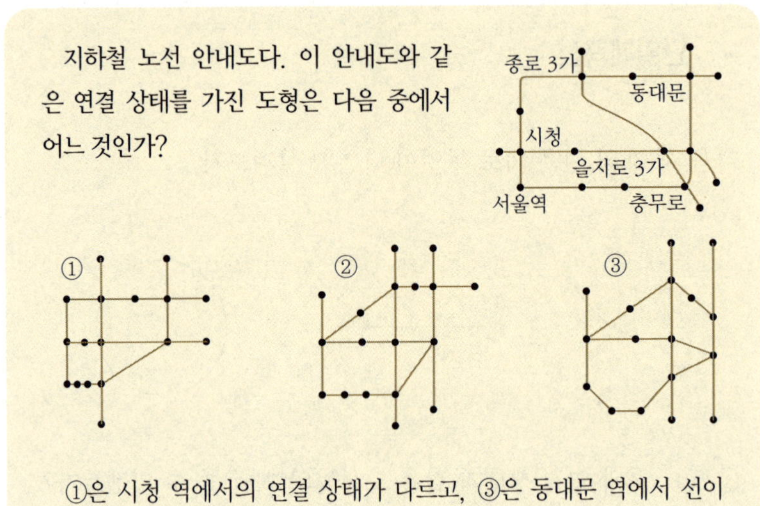

연결 상태가 같은 것은 선뿐만 아니라 곡면이나 입체에서도 찾을 수 있다. 다음 그림을 보자.

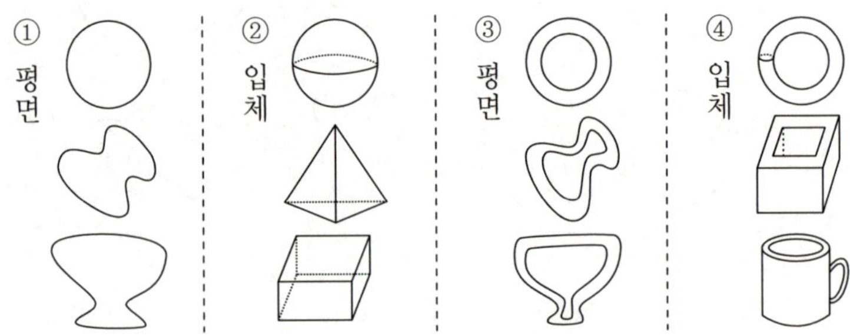

각 번호에 속한 것들끼리는 크기나 모양에 관계없이 점이나 선, 면의 연결 상태가 같은 도형들이다. 이것은 마치 자유자재로 변형할 수 있는 고무판으로 모양을 만드는 것과 같다.

이처럼 두 도형의 연결 상태가 같으면, 두 도형의 점끼리 일대일 대응이 되고 대응점들은 연달아 차례차례 이어져 있음을 알 수 있다. 이때 한쪽을 자르거나 이어 붙이지 않는 한, 한쪽 도형을 늘이거나 줄이거나 구부려서 다른 쪽 도형으로 옮길 수 있다〔이러한 상태를 수학 용어로 동상(同相, homomorphic) 혹은 '위상적으로 같은 도형'이라고 한다〕.

이제 본론인 단일폐곡선으로 들어가자. 단일폐곡선이란 선으로 된 도형 중 점이나 선의 연결 상태가 원과 같은 도형을 말한다. 단일폐곡선은 그 곡선 위의 한 점 A에서 출발하여 곡선 위의 모든 점을 꼭 한 번씩만 지나서 다시 A로 돌아올 수 있다.

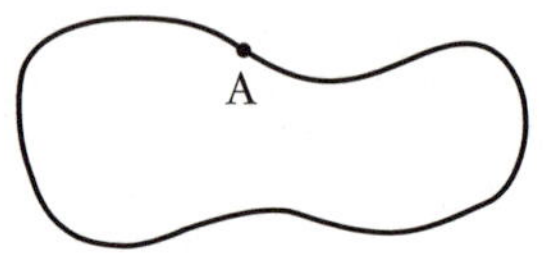

단일폐곡선에는 아주 유명한 정리가 하나 있다.

> **평면에 있는 단일폐곡선은 평면 전체를 두 부분으로 나눈다.**

이 정리는 조르당(Jordan, 1838~1922)이라는 수학자가 발표했기 때문에 그의 이름을 따 '조르당의 정리'라고 부른다.

종이에 원을 그려 선을 따라 자르면 종이가 두 개로 나누어지는 것은 두말할 나위 없이 당연한데, 거창하게 '정리'라는 이름까지 붙이는 것이 우스워 보일지도 모른다. 그러나 평면이 곡면의 기본이고, 곡면은 위상 기하학의 중요한 부분이다. 따라서 이러한 기초적인 연구는 큰 발전의 중요한 밑거름이 된다(실제로 이 정리의 증명은 무척이나 어렵다).

어쨌든 위의 정리에 나오는 '두 부분'에 관해 더 이야기해 보자. 두 부분은 내부와 외부인데, 같은 부분에 있는 두 점은 단일폐곡선과 만나지 않고 이을 수 있지만 서로 다른 부분에 있는 두 점은 이 선을 지나지 않고는 이을 수 없다.

만약 내부에 있는 두 점을 선과 만나게 하면서 이으려면 몇 번 만

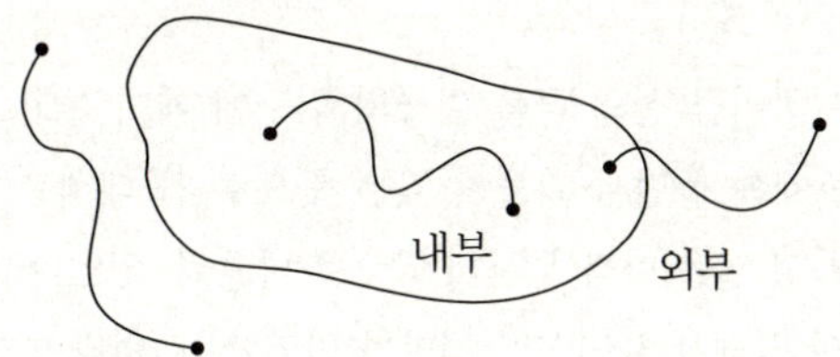

나면 되는가? 선과 만나려면 일단 외부로 나가야 하므로 이때 한 번, 다시 내부로 들어와야 하므로 이때 한 번, 이렇게 반드시 짝수 번 만나야 한다. 반대로 홀수 번 만나는 경우는 그 두 점이 서로 다른 부분에 있는 것이다.

미로 이야기

미로 혹은 미궁〔labyrinth〕은 어지럽게 갈래가 져서 한번 들어가면 빠져나오기 어려운 길을 뜻하는데, 이 말은 그리스 신화에 나오는 '라비린토스(labyrinthos)'에서 유래했다고 한다.

신화에 의하면, 기원전 2000년경 크레타의 왕 미노스는 흰 소를 사랑하던 왕비가 소 머리를 한 괴물인 미노타우로스를 낳자 건축과 공예의 명인인 다이달로스를 시켜 라비린토스를 만들게 했다고 한다. 이곳은 한번 들어가면 다시 나올 수 없도록 통로를 온통 꼬불꼬불하게 만든 곳인데, 미노스 왕은 이곳에 미노타우로스를 가두어 놓고 1년에 한 번 아테네에서 젊은 남녀 7명씩을 보내면 그들을 괴물의 먹이로 미궁에 집어넣곤 했다.

그러자 아테네 왕 아이게우스의 아들인 테세우스가 괴물을 없애려고 자진해서 크레타로 건너갔는데, 미노스 왕의 딸 아리아드네가 한눈에 테세우스를 사랑하게 되었다. 아리아드네는 테세우스에게 검과 실

을 주어 그로 하여금 실의 끝을 미궁의 입구에 매어 놓고 들어가도록
하였다. 실을 계속 풀면서 괴물이 있는 곳으로 간 테세우스는 드디어
괴물을 처치하고 실을 따라 무사히 밖으로 나올 수 있었다고 한다.
　여러분이 만약 테세우스라면, 게다가 만일 실도 없다면 어떻게 미궁
에서 빠져나오겠는가?

가장 간단한 방법은 벽에
한 손을 댄 채 걸어가는 것
이다. 절대로 벽에서 손을
떼면 안 된다. 계속 오른손
이나 왼손을 벽에 대고 걸어
가면 갈림길에서 언제든지
오른쪽이나 왼쪽으로 구부
러지게 되고 결국은 원위치
로 돌아오게 된다(단, 이것이
모든 미로에서 다 통하는 방
법은 아니다. 입구가 여러 개
이거나 빙빙 돌게 된 길이 있거나 세 갈래 이상 나누어진 길이 있는 경우라
면 나오지 못할 수도 있다).
　영국의 햄프턴코트 궁전 정원에 있는 산울타리로 만들어진 미로는
지금도 유명한 곳이다. 혹시 그곳에 가면 위의 방법으로 미로를 돌아
나와 사람들을 놀라게 해 보라.

　평면인 종이에는 양면이 있다. 한쪽을 안쪽이라고 하면, 다른 쪽은 바깥쪽이 된다. 공간이 있는 구면도 안쪽 면과 바깥쪽 면, 두 부분으로 나뉜다. 그런데 모든 곡면이 이처럼 안쪽과 바깥쪽을 가지고 있는가?

　그렇지 않다. 이제 그 곡면을 만들어 보자. 기다란 직사각형 ABCD를 두 개 준비한다. 각각 한쪽 끝에 풀칠을 하여 하나는 그대로 둥그렇게 이어 붙이고 하나는 한 번 꼬아서 붙여 보자.

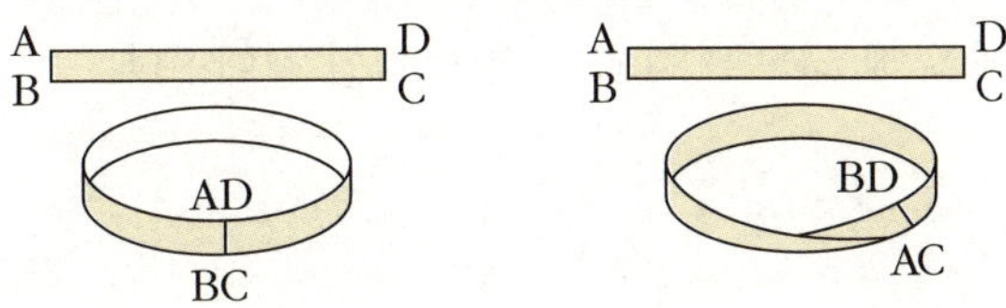

　위의 오른쪽처럼 꼬인 모양의 곡면을 '뫼비우스의 띠'라고 한다.

　왼쪽 원통 모양의 곡면은 안쪽과 바깥쪽이 있어 두 가지 색깔로 구분해서 칠할 수 있으나, 뫼비우스의 띠는 한쪽부터 색을 칠해 가면 빈틈없이 다 칠할 수 있다. 즉, 뫼비우스의 띠는 안쪽과 바깥쪽을 구별할 수 없는 하나의 면으로 되어 있다. 뫼비우스 띠의 가운데에 선을 긋고 그 선을 따라 가위로 오려 보자. 띠가 어떤 모양이 되는가? 가운데를 잘랐으므로 두 개로 나누어질 것 같지만, 실제로는 전혀 뜻밖의 결과가 나타난다. 하나의 고리 모양으로.

　이번에는 직사각형을 두 번 꼬아 붙여 보자. 한쪽부터 색칠해 나가면 색칠이 안 된 쪽이 생긴다. 처음에 꼬지 않고 붙인 원통 모양의 곡면과 같은 것이다. 한 번 더 꼬면 어떤 모양이 나올까? 맞다. 뫼비우스의 띠와 같은 결과가 나온다.

뫼비우스의 띠를 가장 효과적으로 사용하고 있는 곳은 방앗간이다. 방앗간에는 곳곳에 띠가 길게 걸려 있고, 전기를 넣으면 띠가 돌아가면서 기계를 돌린다. 이 띠를 쭉 따라가 보면 어느 부분에선가 한 번 꼬여 있음을 발견할 수 있다. 바로 뫼비우스의 띠다. 왜 그렇게 할까?

띠를 꼬지 않고 돌리면 기계와 닿는 면 한쪽만 닳는다. 그러나 뫼비우스의 띠 모양으로 기계를 돌리면 띠의 안쪽과 바깥쪽 면이 골고루 기계에 닿게 되므로 띠의 수명이 훨씬 길어진다.

◑ 위상 수학의 개척자, 뫼비우스

독일의 수학자이자 천문학자인 뫼비우스 (August Ferdinand Möbius, 1790~1868) 는 1790년 독일에서 태어났다. 그는 세 살 때 아버지를 여의고 열세 살 때까지 집에서 교육을 받았다.

그는 1803년에 대학에 입학하여 가족들이 원한 법학 공부를 시작하였지만, 곧 자기 적성이 아님을 깨닫고 전부터 관심이 있던 수학, 천문학, 물리학 등을 공부하기로 결심했다.

뫼비우스(1790~1868)

1831년에 뫼비우스는 괴팅겐으로 가서 가우스의 제자가 되었다. 가우스는 당시 괴팅겐 천문관측소 소장을 맡고 있었는데, 동시에 유명한 수학자이기도 했다(89~92쪽 참조).

뫼비우스는 그 후 가우스의 스승인 요한 파프(Johann F. Pfaff)의 문하에서 수학 공부를 더 한 후 1815년에 박사 학위를 받았다. 그리고 1816년에는 임시로 라이프치히 대학의 천문학 교수로 임명되었다가 1844년에야 정식 교수로 임명되었다.

그는 천문학 분야에서도 연구를 많이 하여 《천문학의 법칙》, 《천체역학의 원리》와 같은 저서들을 남겼지만 이때에도 그의 주된 연구 영역은 수학이었다.

위상 수학의 개척자로 알려진 뫼비우스는 구드리(F. Guthrie)가 '4색 지도' 문제를 제기하기 전인 1840년에 다음과 같은 문제를 제시했다.

옛날에 자녀를 다섯 둔 왕이 있었다. 왕의 유언장에는 자신이 죽은 후 나라를 다섯으로 나누어 자녀들에게 골고루 나누어 주되 각각의 영토가 나머지 네 영토와 국경을 접하도록 해야 한다고 적혀 있었다. 이 유언장의 요구는 실행될 수 있을까?

이것은 위상적 아이디어에 대한 뫼비우스의 관심을 드러내 주는 문제로 많은 수학자의 관심을 끌었다. 답은 '할 수 없다'이다.

뫼비우스는 '뫼비우스 네트(net)', '뫼비우스의 띠', '뫼비우스 함수', '뫼비우스 변환' 등 그의 이름을 붙인 수학적 연구 대상을 여럿 남길 정도로 수학사에 뛰어난 업적을 세웠으며, 특히 사영 기하학의 발달에 중요한 역할을 하였다.

한붓그리기

초등학교 3학년 때 연필을 떼지 않고 다음과 같은 모양을 그릴 수 있느냐(단, 한 번 지나간 선은 다시 지나지 않는다)는 문제를 풀려고 매일 연습장을 대여섯 장씩 버리면서 며칠을 해 보다가 포기한 기억이 있다.

직접 그려서 해결하려니 잘 되지 않고, 어느 순간 되었다 싶어 다

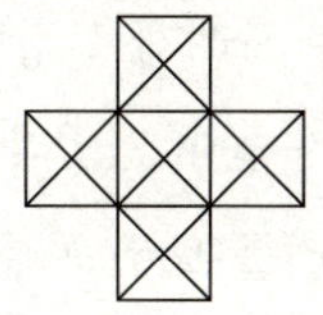

시 해 보려면 그 전에 했던 순서가 떠오르지 않아 안타까웠다. 그러나 지금 나에게 이 문제를 준다면 난 연필을 들지도 않고 바로 "한 번에 그리는 것은 불가능하다"라고 대답할 것이다.

이처럼 연필을 종이 위에서 떼지 않고, 같은 점은 두 번 이상 지나도 되지만 같은 선은 두 번 이상 지나지 않게 처음부터 끝까지 한 선으로 그리는 것을 **한붓그리기**라고 한다.

이 문제의 발단은 옛 독일 동쪽에 있던 쾨니히스베르크라는 도시(현재는 러시아 연방의 영토)에 있었다. 이 도시는 철학자 칸트가 태어나서 살았던 곳으로도 유명하다. 칸트는 평생 동안 이 도시 밖으로는 한 발짝도 나가지 않은 데다가 대학 교수가 된 후로는 매일 똑같은 시각에 똑같은 장소로 산책을 다녀 이웃 사람들이 칸트를 보고 시계를 맞추었다는 일화도 널리 알려져 있다.

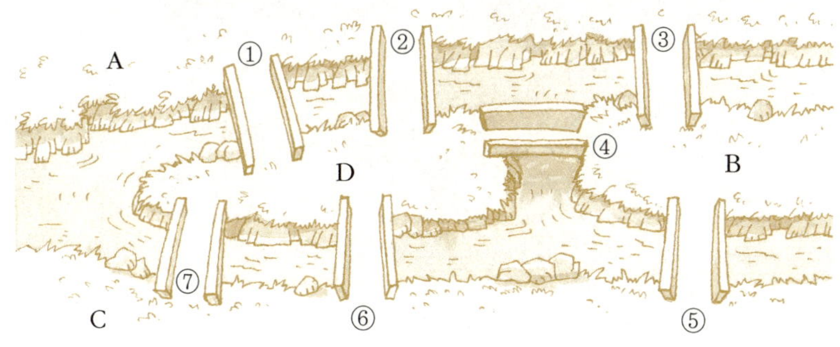

　이 도시의 한가운데에는 프레게르 강이 흐르고, 강 위에는 앞의 그림과 같이 다리 일곱 개가 놓여 있었다(다리에 번호를 붙여 보자).

　문제는 이 일곱 개의 다리를 모두 꼭 한 번씩만 건너는 방법이 있느냐 하는 것이었다. 단, 다리 일곱 개를 모두 건너되 한 번 건넌 곳은 다시 지날 수 없다는 조건이 붙어 있었다.

　이 문제를 두고 다들 이리저리 고민했으나 아무도 풀지 못하고 있었다. 아마 사람들은 전부 연필을 들고 다리를 따라 일일이 선을 그어 보았을 것이다. 그렇게 다 해 보려면 몇 가지나 해야 할까?

　일곱 개의 다리를 한 번씩만 건넌다는 것은 일곱 개의 숫자 1, 2, 3, 4, 5, 6, 7을 순서대로 나열하는 것과 같다.

　맨 처음에 택할 수 있는 번호는 1에서 7까지 일곱 개 중 하나지만, 그 다음에는 앞에서 선택한 것을 뺀 여섯 개 중의 하나를 선택해야 한다.

　그렇다면 총 경우의 수는,

$$7 \times 6 \times 5 \times 4 \times 3 \times 2 \times 1 = 5040$$

가지나 된다. 이 5040가지 방법을 모두 써 놓고 일일이 해 보면 가능한지 불가능한지 알겠지만 그것도 쉬운 일은 아닐 것이다.

　이 문제를 처음으로 완벽하게 푼 사람이 오일러였다. 그는 이 문제의 본질에 접근하고자 했다. 다리의 위치만을 고려하여 다리가 육지를 어떻게 연결시키고 있는지에 집중한 것이다.

　다리를 건넌다는 것은 땅의 각 부분 A, B, C, D를 연결한다는 뜻이므로 그 관계만 선으로 나타내면 다음과 같다.

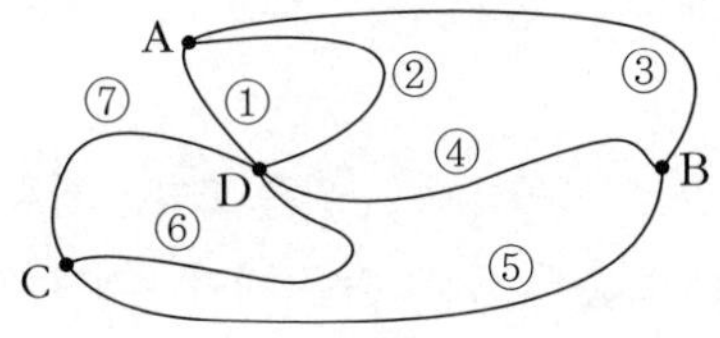

　이때 선의 길이나 모양, 구부러진 정도는 문제의 본질과 아무런 관련이 없다. 중요한 것은 점과 선이 연결된 상태다. 그러므로 앞의 도형은 연결 상태가 같은 여러 가지 도형으로 바꿀 수 있다.

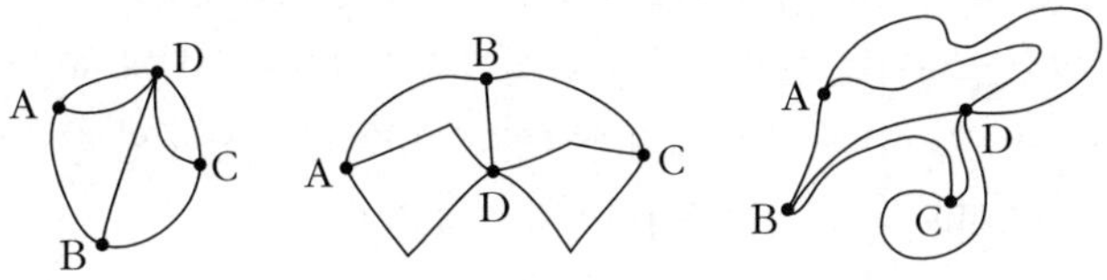

　이 대목에서 '아하!' 하고 감탄사가 나왔다면 앞의 내용을 잘 이해한 것이다. 이처럼 도형의 크기나 각의 크기, 모양에는 관계없이

연결 상태만 같으면 같은 도형으로 취급하는 것이 위상 기하학(위상)이라 했다. 오일러에서 시작된 이러한 사고의 전환이 바로 위상의 시작이 되었다.

다시 다리 문제로 돌아가자. 이 문제는 결국 한 번에 그릴 수 있느냐 하는 한붓그리기 문제가 되었다. 무조건 시작하지 말고 한붓그리기가 가능한 조건을 먼저 찾아 보고, 위의 도형이 그 조건에 맞는지 점검해 보는 방식을 취하자.

꼭지점과 변으로 이루어진 도형에서 한 꼭지점에 연결된 변의 개수가 짝수면 그 점은 짝수점이라 하고, 홀수면 홀수점이라 한다. 다음 예를 보자.

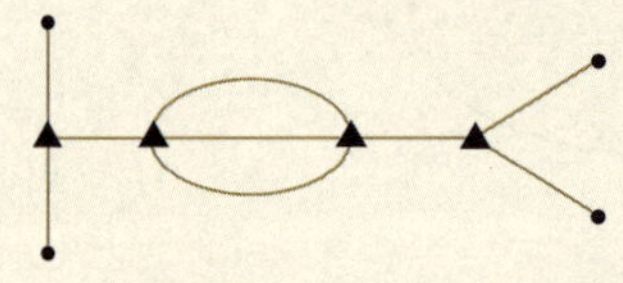

왼쪽 도형은 짝수점(▲)이 4개, 홀수점(•)이 4개다. 한붓그리기에서 출발점, 통과점, 종점은 각각 어떤 조건을 갖는가?

① 통과점은 짝수점이다.

통과한다는 것은 들어오는 선이 있고 나가는 선이 있다는 얘기이므로 짝수 개의 선이 이어져 있어야 한다.

② 출발점과 종점이 다르면 그 두 점은 모두 홀수점이다.

출발점은 나가는 선이 하나 있고 들어오지 않아야 하므로(들어온 경우에도 종점이 아니므로 다시 나가야 한다) 홀수 개의 선이 연결되어 있는 홀수점이다. 종점도 마찬가지 원리로 홀수점이다.

③ 출발점과 종점이 같다면 그 점은 짝수점이다.

이제 결론이 명백해졌다. 한붓그리기가 가능한 조건은 홀수점의 개수가 0이나 2일 때뿐이다. 이때 홀수점의 개수가 0이면 아무 데서나 시작해도 되지만(이때는 시작한 점에서 끝나게 된다), 홀수점이 2개일 때는 반드시 둘 중 하나의 홀수점에서 시작해야 하고 이때 다른 하나의 홀수점에서 끝나게 된다.

쾨니히스베르크의 다리를 간단하게 만든 도형은 홀수점이 A, B, C, D 네 개이므로 한붓그리기가 불가능하다. 이처럼 어떤 구체적인 문제에 부딪혔을 때 그 문제 자체에만 매달리지 않고 일반화함으로써 오히려 전체 구조 속에서 그 문제를 쉽게 풀 수 있는 경우가 많다.

가장 쉬운 예는 이차방정식의 근의 공식이다. 각각의 이차방정식을 푸는 대신 $ax^2 + bx + c = 0\,(a \neq 0)$이라는 일반적인 형태를 놓고 공식을 만들면 개개의 문제를 손쉽게 풀 수 있다. 수학에서 이러한 문제 해결 방법은 대단히 중요하다.

　비단 수학에서만이 아니라 우리 일상의 문제에서도 마찬가지 이야기를 할 수 있다. 눈앞에 닥친 문제 자체에만 매달려 해결하려 하지 말고, 때로는 눈을 크게 뜨고 전체를 보는 노력을 해 보자. 이 중요하고도 재미있는 이야기를 마치며, 연습 겸 휴식 겸(?) 문제를 몇 개 풀어 보는 것은 어떨까?

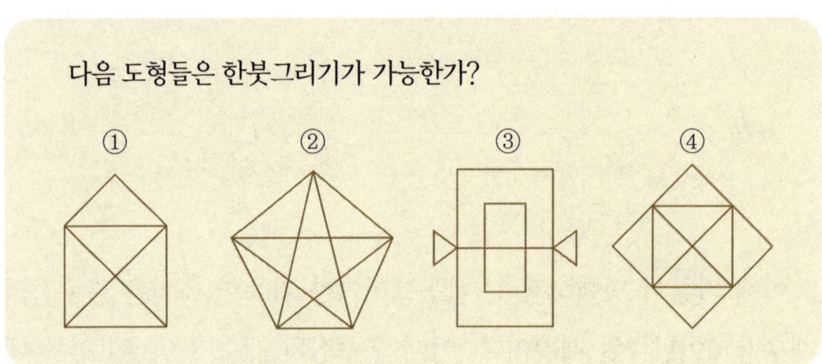

✱ 오일러의 공식

다음 두 도형을 비교해 보자.

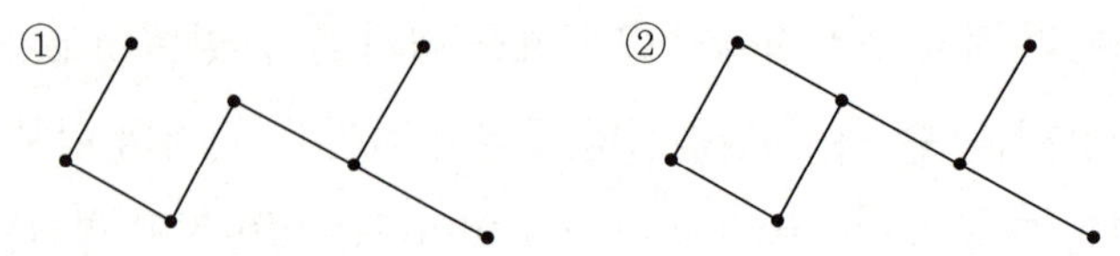

①, ②는 점과 선만으로 연결되었다는 점이 같으나 ①은 면이 없고, ②는 면이 있다. ①과 같은 도형을 **수형도**(樹型圖, tree diagram)라 한다.

여기서 우리가 관심을 가져야 할 것은 꼭지점과 변의 개수다. ①은 꼭지점이 7개, 변이 6개이고, ②는 꼭지점 7개, 변도 7개다.

수형도에서 꼭지점의 개수와 변의 개수 사이에는 어떤 관계가 성립할까?

다음 그림을 자세히 관찰해 보면 금방 알 수 있다.

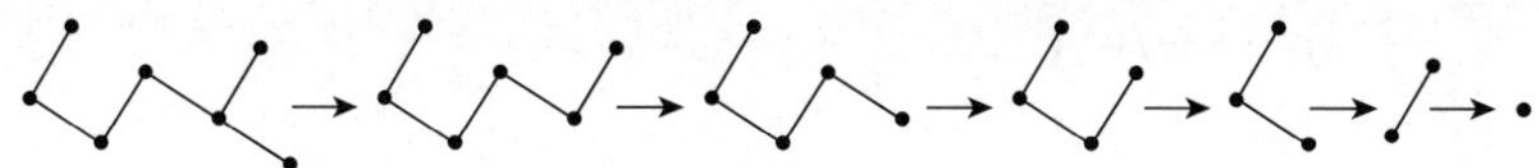

위 그림은 왼쪽부터 차례로, 끝점과 그 끝점을 포함한 변(∤)을 떼내는 과정을 그린 것이다.

점 하나, 변 하나로 이루어진 ∤ 하나씩, 즉 점과 변을 같은 개수만큼 떼내었을 때 마지막에 점이 하나 남았다는 것은 점의 개수가 변의 개수보다 하나 더 많다는 뜻이다.

즉, (꼭지점의 개수)−(변의 개수)=1

수형도에는 면이 없으므로 (면의 개수)=0

위의 두 식을 합하여 다음과 같이 쓸 수도 있다.

(꼭지점의 개수)−(변의 개수)+(면의 개수)=1

위의 공식은 어떤 수형도에서든 성립한다. 몇 개의 수형도를 통해 더 확인해 보자.

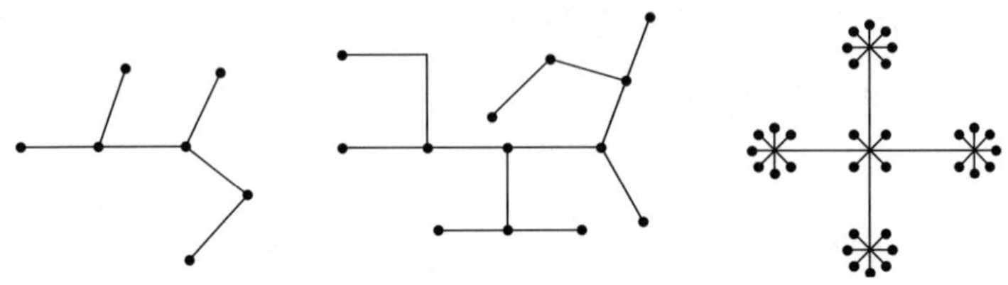

앞으로는 기호를 사용하여 꼭지점의 개수를 v, 변의 개수를 e, 면의 개수를 f로 쓰기로 하자.

그러면 수형도에서는,

$$v - e = 1$$

$$v - e + f = 1$$

이다.

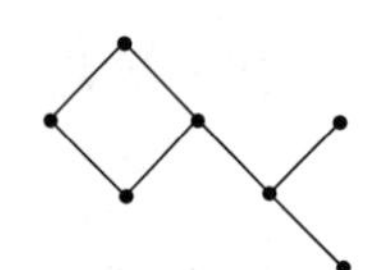

이제, 면이 있는 도형을 가지고 같은 계산을 해 보자.

앞에서 든 보기 ②를 ①의 수형도와 비교해 보면, 변이 하나 늘고 면도 하나 늘었다.

그러므로 $v - e + f$의 값도 변함이 없다.

$$v - e + f = 1$$

다른 도형으로도 설명할 수 있다.

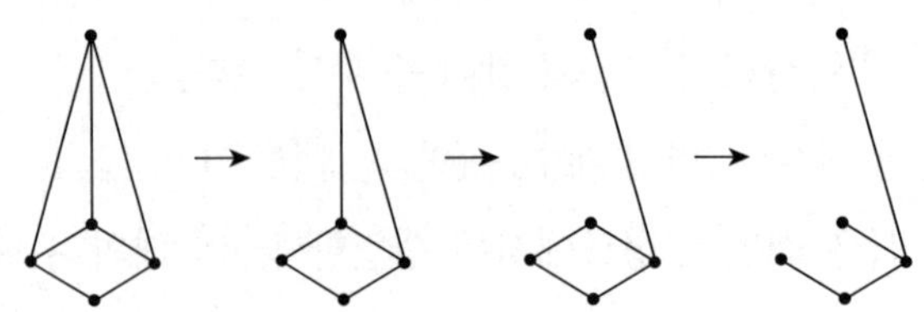

앞의 그림은 왼쪽에서부터 차례로 변을 하나씩 없애는 과정을 보여 준다. 그러나 변만 없어졌는가? 변이 없어질 때마다 면도 하나씩 사라지고 있다. 그러므로 오른쪽 끝의 수형도가 되었을 때 변의 개수는 처음 변의 개수에서 면의 개수를 뺀 수$(e-f)$가 된다.

수형도의 공식에 대입해 보면,

$$v-(e-f)=1$$

그러므로 $v-e+f=1$이다.

다음 도형들도 위와 같은 식이 성립하는지 계산으로 확인해 보며 잠시 숨을 돌리자.

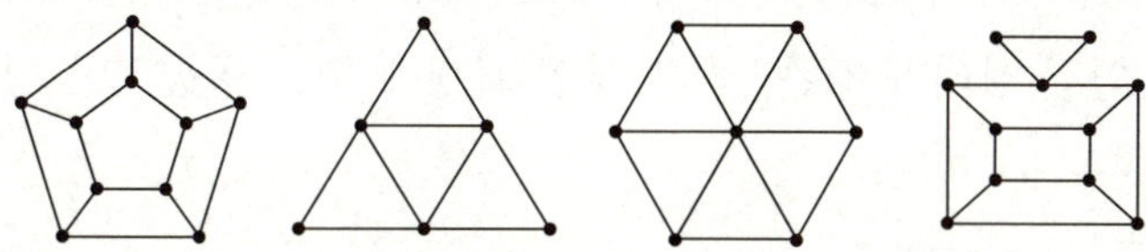

우리는 정다면체가 다섯 가지뿐이라는 사실을 알고 있다. 정사면체, 정육면체, 정팔면체, 정십이면체, 정이십면체에서도 우리가 주목해야 할 것은 꼭지점, 모서리, 면의 개수다.

	꼭지점의 개수	모서리의 개수	면의 개수
정 사 면 체	4	6	4
정 육 면 체	8	12	6
정 팔 면 체	6	12	8
정십이면체	20	30	12
정이십면체	12	30	20

이 숫자들 사이에 어떤 공통점이 있는지 잘 생각해 보자. 앞에서 $v-e+f$를 계산한 기억이 떠오른다면 여기서도 그 계산을 해 보자.

정사면체 $4-6+4=2$ 정육면체 $8-12+6=2$

정팔면체 $6-12+8=2$ 정십이면체 $20-30+12=2$

정이십면체 $12-30+20=2$

참으로 신기하게도 $v-e+f$의 값이 모두 2가 나왔다.

그러면 정다면체가 아닌 다른 다면체에서도 모두 위와 같이 $v-e+f=2$가 될까? 다시 말해 이 성질이 모든 다면체에서 성립할까? 그것을 어떻게 보일 수 있을까?

지금 우리는 구와 연결 상태가 같은 다면체에 관하여 이야기하고 있다. 연결 상태가 같은, 즉 동상인 도형에 있는 공통적인 성질을

연구하는 것이 위상 기하이며, 이 위상이란 신축성이 좋은 고무판을 변형시키는 것으로 생각할 수 있다고 했다. 이것을 앞에서 살펴본 평면 위의 도형에 관한 공식과 연결해 보자.

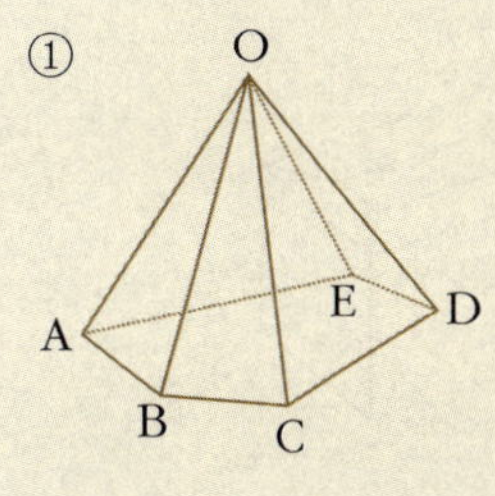

다면체 O−ABCDE가 있다. 이 다면체의 표면이, 마음대로 늘였다 줄였다 할 수 있는 고무판이라 하자. 우선 밑면 ABCDE를 잘라 낸다. 그리고 A, B를 고정시킨 다음 C, D, E를 잡고 늘려 O가 바닥에 닿도록 하면 평면 위에 ②와 같은 도형이 생긴다.

왼쪽의 도형은 평면 위에 있으므로, 앞에서 말한 공식이 그대로 성립한다.

(꼭지점의 개수) − (변의 개수) + (면의 개수) = 1

그렇다면 이 세 값의 관계가 다면체에서는 어떻게 되는지 알아보자. 다면체 O−ABCDE의 꼭지점, 모서리, 면의 개수를 각각 v, e, f라 하자.

①과 ②의 꼭지점의 개수는 같고, 변(모서리)의 개수도 같다. 단 ②의 면은 ①보다 하나가 적다(밑면을 떼어냈다는 것을 잊지 말자).

그러므로 $v - e + (f - 1) = 1$

즉, $v - e + f = 2$다.

이처럼 구와 연결 상태가 같은 다면체에서는

$$v - e + f = 2다.$$

앞에서 말한 식을 **오일러의 공식**이라 하고, $v-e+f$의 값을 **다면체의 표수**(標數)라고 한다. 구와 연결 상태가 같은 모든 다면체에 적용되므로, 이 공식이 바로 위상 기하의 정리인 것이다.

이번에는 구멍이 하나 뚫린 다면체의 표수에 관하여 알아보자. 아래는 도넛과 연결 상태가 같은 다면체들이다.

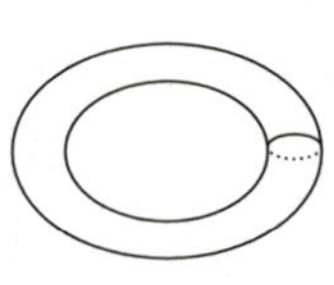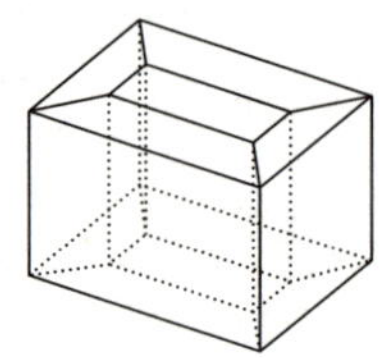

위 오른쪽 입체도형에서 표수를 구해 보자. 꼭지점, 모서리, 면의 개수를 직접 세어 계산해 보면, $v-e+f=0$이 나온다. 좀더 일반화할 수 있는 방법으로 알아보자.

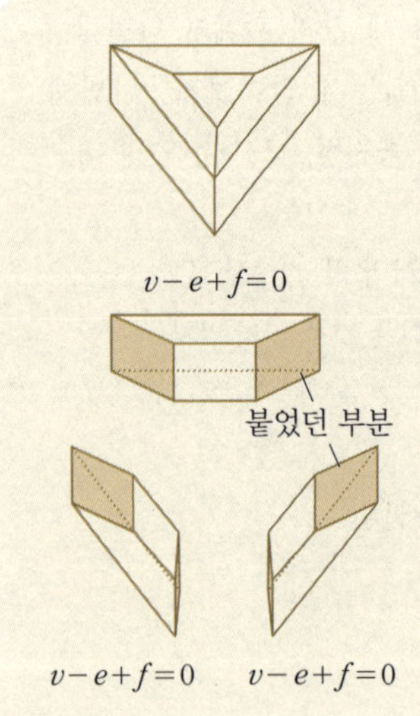

구멍이 하나 뚫린, 도넛과 동상인 입체도형이 있다. 이것을 아래와 같은 모양으로 잘라 보자. 색이 있는 부분은 서로 붙어 있던 부분이므로 면이 아니다. 즉, 이 세 도형은 각각 구와 동상인 상태에서 양쪽 면 두 개가 없는 것이다. 그러므로 각 도형의 표수는 2만큼씩 줄어들어서 $2-2=0$이 된다.

$$\therefore v-e+f=0$$

그 상태에서 붙여 보자. 붙이면서 무엇이 달라지는지 잘 살펴야 한다.

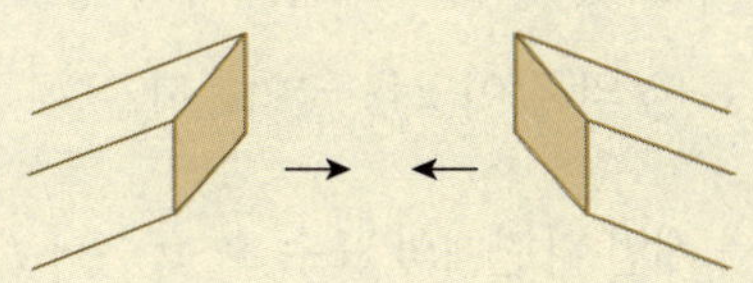

색이 있는 부분은 본래 면이 없었으므로 두 도형을 붙이면 꼭지점과 모서리가 같은 수만큼 없어진다. 결국 표수에는 영향이 없으므로, 도넛 형 다면체의 표수

$$v-e+f=0$$이다.

구멍이 두 개 뚫린 다면체의 표수도 같은 방법으로 구할 수 있다.

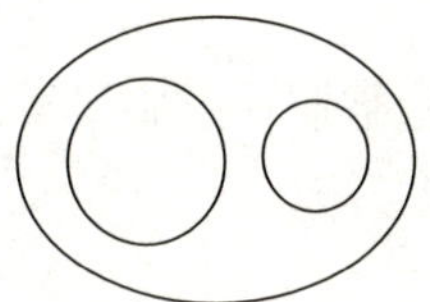

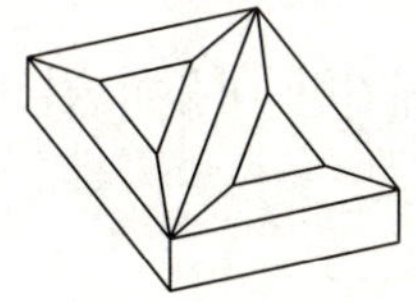

위 오른쪽의 도형을 둘로 분리해 각각의 표수를 구해 보자.

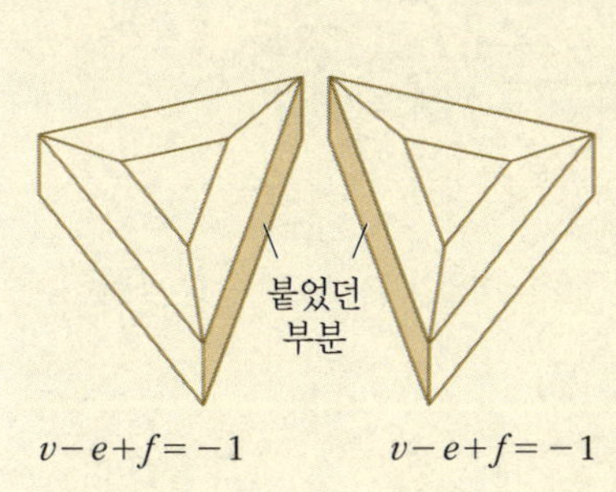

잘라 보면 도넛 형에서 한 면이 없어진 도형이므로 각각의 표수는 $v-e+f=-1$이다. 두 면을 다시 붙이면 같은 수의 꼭지점과 모서리가 없어지고, 면은 영향을 받지 않으므로 구멍이 두 개 뚫린 다면체의 표수는 $v-e+f=-2$가 된다.

이미 눈치챈 독자도 있겠지만, 계속해서 구멍을 하나씩 더 뚫어 가면 표수, 즉 $v-e+f$의 값이 2씩 줄어든다.

구멍이 세 개인 다면체의 표수 $\quad v-e+f=-4$

구멍이 네 개인 다면체의 표수 $\quad v-e+f=-6$

구멍이 다섯 개인 다면체의 표수 $v-e+f=-8$

$$\vdots$$

이상에서 우리는 모양이 삼각형인지 사각형인지 원인지, 길이가 긴지 짧은지, 각의 크기가 얼마인지, 평행인지 아닌지에 전혀 관계 없이, 단지 연결 상태만 같은 도형들끼리 공통적으로 성립하는 성질(공식)을 알아보았다.

우리가 얘기한 내용이 위상 기하 전체에서는 매우 적은 부분을

차지하지만, 이 정도로도 위상이라는 학문의 성격은 짐작할 수 있
으리라 믿는다.

눈에 보이지 않는 공기에서도 산소와 질소를 구분할 줄 아는 우
리 인간은 반대로 구와 삼각뿔을 같은 것으로 취급할 줄도 안다. 한
편으로는 정밀하게 분석하면서 다른 한편으로는 종합할 수 있는 능
력은 비단 수학뿐 아니라 우리가 일상 생활에서 부딪치는 많은 문
제를 해결하는 데에도 꼭 필요하다.

레온하르트 오일러(Leonhard Euler, 1707 ~1783)는 스위스의 바젤에서 목사의 아들로 태어났다. 그는 어려서부터 수재여서 아버지가 스스로 아들을 교육시켰으며, 자신의 뒤를 잇게 하려고 바젤 대학에 입학시켜 철학과 신학을 공부하게 하였다.

그런데 당시 이 대학에는 수학자 일가로 소문난 베르누이 집안의 두 아들 다니엘(Daniel Bernoulli, 1700~1782)과 니콜라우스(Nikolaus Bernoulli, 1695~1726)가 있었다. 이들과 친해지면서 수학을 공부하게 된 오일러는 결국 수학에 전념하게 된다.

스무 살이 되던 1727년, 오일러는 문화 부흥에 힘을 쏟은 여왕 예카테리나 1세의 초청으로 러시아의 과학 아카데미에 가게 된다. 그러나 불행하게도 그가 도착한 날 여왕이 죽고, 그 뒤를 이은 표트르 2세는 학문을 중시하지 않았기 때문에 오일러는 몹시 곤란한 지경에 빠지고 말았다. 그러다 1730년 안나 1세가 왕위에 오른 뒤 아카데미가 되살아나, 오일러는 이후 10년간 그곳에서 연구에 정열을 쏟게 된다.

오일러(1707~1783)

오일러는 1733년 결혼해 페테르부르크에 정착하여 열세 명이나 되는 자녀를 얻었으나 이 중 여덟 명은 요절하고 만다. 스물여덟 살이던 1735년, 오일러는 다른 수학자들이 몇 달이나 끙끙대던 문제를 단 사흘 만에 풀어 사람들을 놀라게 하였다. 그렇지만 이때의 지나친 연구와 러시아의 추운 날씨 때문에

생긴 화농으로 결국 오른쪽 눈을 잃고 말았다.

1741년에 오일러는 프러시아의 프리드리히 대왕의 초청으로 베를린에 가서 극진한 대우를 받으며 지내다가 예카테리나 2세의 초청으로 다시 러시아에 돌아온다. 그러나 그 해(1766년) 남은 왼쪽 눈마저 실명하는 불운을 겪는다.

눈이 안 보이면 학자로서 끝이라고 생각하는 사람도 있겠지만, 오일러는 조금도 좌절하지 않고 이전보다 더 많은 논문을 썼다. 물론 직접 쓸 수 없었으므로 조수에게 대필시키는 방법으로.

이후 17년 동안 오일러는 장님인 채로 수학 연구를 계속하였다. 그럴 수 있었던 것은 그의 뛰어난 기억력과 암산력 덕분이었다. 그는 수학 전 분야의 공식을 다 암기하고 있었으며, "마치 사람이 숨을 쉬는 것처럼, 새가 하늘을 나는 것처럼 계산한다"라는 말을 들을 만큼 계산에 능숙했다고 한다.

오일러는 1783년 손자와 놀면서 천왕성의 궤도를 계산하다가 파이프를 떨어뜨리면서 "죽는다"라는 한마디를 남기고 세상을 떠났다고 한다. 그때 그의 나이 일흔여섯이었다.

오일러는 수학, 천문학, 물리학 등 여러 분야에 걸쳐 엄청난 양의 논문을 남겼다. 그가 죽은 후 제자들이 그의 전집을 간행하려 했으나 자료가 워낙 방대하고 돈이 많이 들어 손을 못 대고 있다가 1909년에야 전국적으로 기부금을 모아 책을 발행하기 시작했다. 그 후 오일러의 전집을 펴내기 위한 특수한 출판사가 설립되어 작업을 한 결과 현재는 45책 전집으로 완성되어 있다.

오일러는 여러 가지 기호를 새로이 만들어 쓴 것으로도 유명한데, 원주율을 최초로 우리가 잘 아는 π로 쓴 사람도 그였다. 또 삼각함수를 $sin\theta$, $cos\theta$, $tan\theta$로 쓰고, 삼각형에서 각을 A, B, C로, 그 각각의 대변을 a, b, c로 쓰기 시작한 사람도 오일러다.

통계와 진실

1 자료 정리

어떤 내용을 조사한 자료가 있을 때 그것을 정리하지 않으면 아무 쓸모가 없다. 자료 분류와 정리는 조사한 목적에 맞게 이루어지므로 한 자료가 정리 방법에 따라 다양한 형태로 표현될 수 있다.

어느 소아과 병원에 한 달간의 환자 차트가 있다고 하자. 이 차트에서 다양한 정보를 알아낼 수 있다. 각 질병별로 몇 명의 환자가 다녀갔는지, 감기 환자는 전체 환자의 몇 퍼센트나 되는지, 한 사람이 평균 며칠씩 진료를 받았는지, 병원에 한 번 올 때마다 지불한 진료비는 얼마인지 등등. 물론 이러한 각각의 목적에 따라 정리 방법이 다르다.

이 장에서는 자료를 정리하는 몇 가지 기초적인 방법에 관하여 이야기하고자 한다.

〈표 1〉은 어느 중학교 1학년의 한 반 남녀 학생의 키를 조사한 것이다.

〈표 1〉

(단위 : cm)

남 자						여 자					
번호	키	번호	키	번호	키	번호	키	번호	키	번호	키
1	138.6	11	144.0	21	155.5	31	142.4	41	152.3	51	156.0
2	138.4	12	146.1	22	154.9	32	142.2	42	152.7	52	157.2
3	144.3	13	148.5	23	158.0	33	142.9	43	151.7	53	153.7
4	146.5	14	149.5	24	162.0	34	143.2	44	150.1	54	153.8
5	144.0	15	147.9	25	164.6	35	145.0	45	151.5	55	157.4
6	144.1	16	152.9	26	162.2	36	145.9	46	152.6	56	156.9
7	147.3	17	153.9	27	164.0	37	149.5	47	151.0	57	160.2
8	144.2	18	152.8	28	165.0	38	149.9	48	149.0	58	161.2
9	146.8	19	153.7	29	168.7	39	151.6	49	153.8	59	160.2
10	146.6	20	158.7	30	171.0	40	149.5	50	153.2	60	161.3

이 표만으로는 개개인의 키를 아는 것 외에 별 의미가 없으므로 알아보기 쉽게 분류해서 정리해 보자.

〈표 1〉에서는 17번 남학생의 키가 얼마라든가, 자기 앞번호보다 키가 작은 사람은 누구(몇 번)라든가 하는 개별적인 정보만 드러나는 반면, 〈표 2〉에서는 여학생 중 키가 150cm 이상 160cm 이하는 몇 명인지, 어느 정도의 키가 가장 많은 수를 차지하는지 등을 알아보기가 편하다.

이때 키와 같이 자료를 수량으로 나타낸 것을 **변량**이라 하고, 변

〈표 2〉

키(cm)	남학생 수		여학생 수	
135 이상 ~ 140 미만	丁	2		
140 ~ 145	正	5	〒	4
145 ~ 150	正下	8	正一	6
150 ~ 155	正	5	正正丁	12
155 ~ 160	下	3	〒	4
160 ~ 165	〒	4	〒	4
165 ~ 170	丁	2		
170 ~ 175	一	1		
합 계		30		30

량을 나눈 구간을 **계급**, 구간의 폭을 **계급의 크기**라고 한다. 그리고 계급을 대표하는 값으로서 계급 중앙의 값(계급의 양끝 값을 합한 것의 $\frac{1}{2}$인 값)을 **계급값**이라고 한다.

〈표 2〉에서 계급은 '135 이상~140 미만', '140 이상~145 미만'에서 '170 이상~175 미만'까지 모두 8개이고, 계급의 크기는 5cm이며, 계급값은 차례로 137.5, 142.5, 147.5, …, 172.5이다.

또 각 계급에 속하는 자료의 수를 **도수**라고 하며, 〈표 2〉와 같이 전체의 자료를 몇 개의 계급으로 나누고, 각 계급에 속하는 도수를 나타낸 표를 **도수분포표**라고 한다.

〈표 2〉는 〈표 1〉의 도수분포표이며, 계급의 도수는 차례로 2, 5, 8, 5, 3, 4, 2, 1(남자), 0, 4, 6, 12, 4, 4, 0, 0(여자)이다.

일반적으로 도수분포표를 만들 때는 계급의 크기를 모두 같게 잡고, 계급의 개수는 자료에 따라 다르지만 보통 5~15개 정도로 한다. 계급의 개수가 너무 적으면(예를 들어 앞의 자료에서 계급을 '135

이상~155 미만', '155 이상~175 미만'의 두 개로 잡는다고 생각해 보아라) 분포 상황을 잘 알 수 없으며, 반대로 계급의 개수가 너무 많으면(만약 1cm 간격으로 구간을 나눈다면?) 자료의 특징을 알기 어렵게 된다. 그러므로 조사된 자료의 성격에 따라 계급의 개수와 크기를 적당하게 잡는 일이 중요하다.

이제 앞의 도수분포표를 그래프로 나타내 보자. 그래프는 표보다 한눈에 알아보기 쉬운 장점이 있다. 그래프는 다음과 같이 그린다.

① 가로축에는 각 계급을 잡는다.

② 세로축에는 도수를 쓴다.

③ 각 계급의 크기를 밑변, 도수를 높이로 하는 직사각형을 차례로 그린다.

이와 같은 그래프를 **히스토그램**이라고 한다.

이 히스토그램에서 각 직사각형의 윗변의 중점을 차례로 선분으

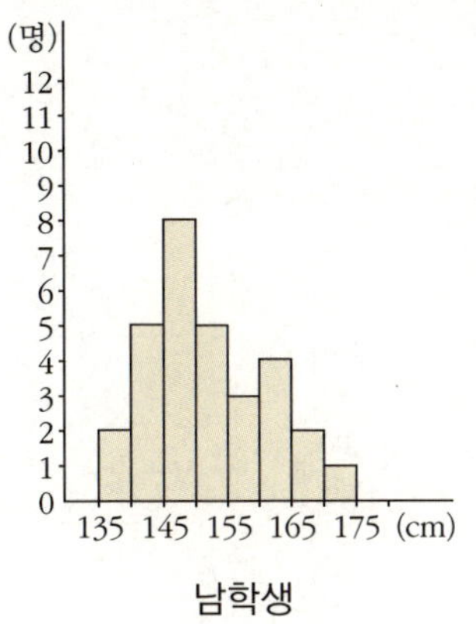

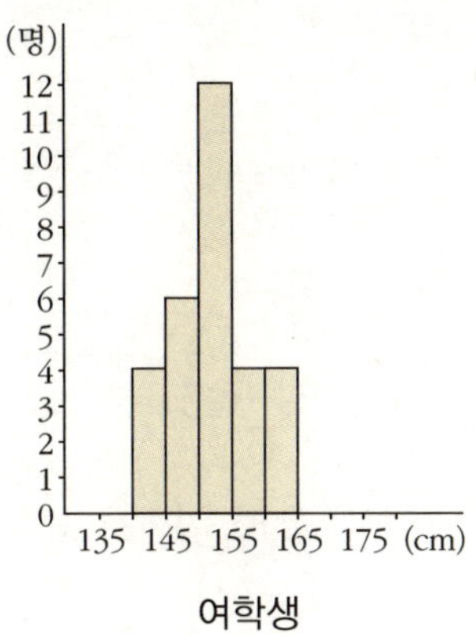

로 연결하여 그리면 다음과 같이 된다(이때 선분의 양끝은 도수가 0인 계급이 있는 것으로 생각한다).

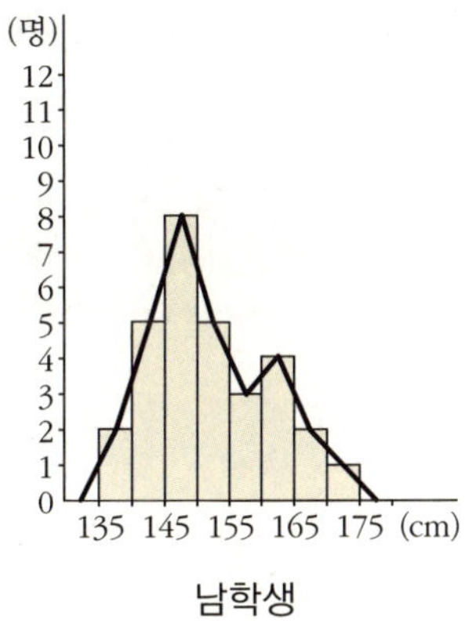

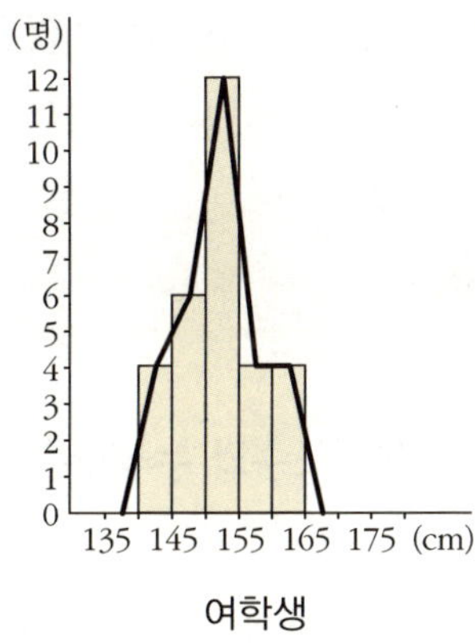

이와 같은 그래프를 **도수분포다각형**이라고 한다.

위의 히스토그램과 도수분포다각형을 비교해 보면 모양이 비슷

함을 알 수 있다. 다시 말해 도수가 제일 큰 계급이 중앙에 있고, 그것을 중심으로 좌우가 거의 대칭인 형태(종 모양)를 이루고 있다. 이러한 특징은 자료의 수가 많을수록 더욱더 두드러지는데 키, 몸무게, 성적, 100m 달리기 기록 등의 자료를 그린 그래프는 모두 그런 모양을 보인다.

상대도수와 누적도수

현재 학생생활기록부에 내신 성적을 기재하는 방법은 두 가지인데, 첫째는 90점, 80점, 70점, 60점 이상과 60점 미만을 각각 수, 우, 미, 양, 가로 표시하는 방법(절대평가)이고, 둘째는 전체 학생 중 몇 등인지를 분수로 나타내는 방법(상대평가)이다. 점수 자체로 성적을 내는 절대평가는 문제의 난이도에 따라 결과가 크게 달라질 수 있으므로 객관적인 자료로 활용하기 어려운 반면, 전체 인원 중에서 어디쯤에 해당하는가를 평가하는 상대평가는 문제의 난이도에 관계없이 점수 분포를 기준으로 결과를 내므로 입시에서 등급을 정할 때 많이 쓰인다.

예를 들어, 3% 이내의 학생이 1등급을 받는다면 전체 학생이 200명인 학교에서의 1등급은 $200 \times \dfrac{3}{100} = 6$(명)이고, 학생이 600명이면 $600 \times \dfrac{3}{100} = 18$(명)까지가 1등급을 받게 된다.

이처럼 상대적인 수치가 더 중요하게 쓰이는 경우에는 전체 도수와의 비를 계산해야 하는데, 이 값을 그 계급의 **상대도수**라고 한다.

$$(\text{어떤 계급의 상대도수}) = \frac{(\text{그 계급의 도수})}{(\text{전체 도수})}$$

앞에서 예를 든 남학생 키의 상대도수를 히스토그램과 도수분포다각형으로 나타내 보자(상대도수는 차례로 0.07, 0.17, 0.27, 0.17, 0.1, 0.13, 0.07, 0.03이다).

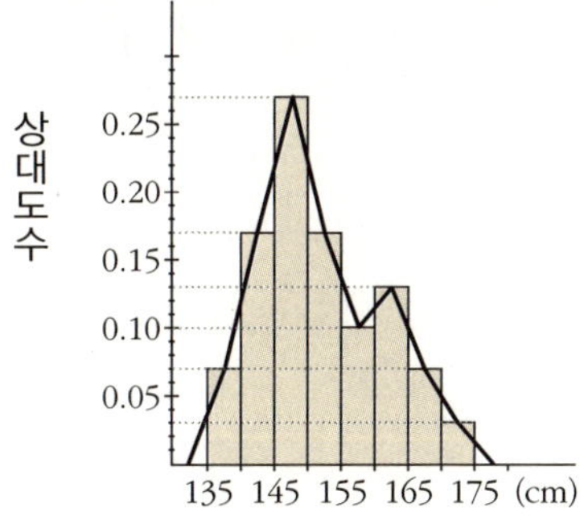

상대도수 역시 종 모양을 보이고 있다.

이때 〈표 2〉에서 남학생 중 키가 150 미만인 학생이 몇 명이냐고 묻는다면, 135 이상 150 미만인 계급의 도수를 더해야 한다.

$$2+5+8=15(명)$$

이와 같이 도수분포표에서 계급의 도수를 자료의 값이 작은 쪽부터 차례로 더하여 구한 값을 각 계급까지의 **누적도수**라고 한다.

〈표 2〉의 누적도수는 차례로 2, 7, 15, 20, 23, 27, 29, 30이다. 이 값을 그래프로 나타내 보자(계급의 큰 쪽 끝 값에 그 계급까지의 누적도수를 대응시켜 점을 찍었다).

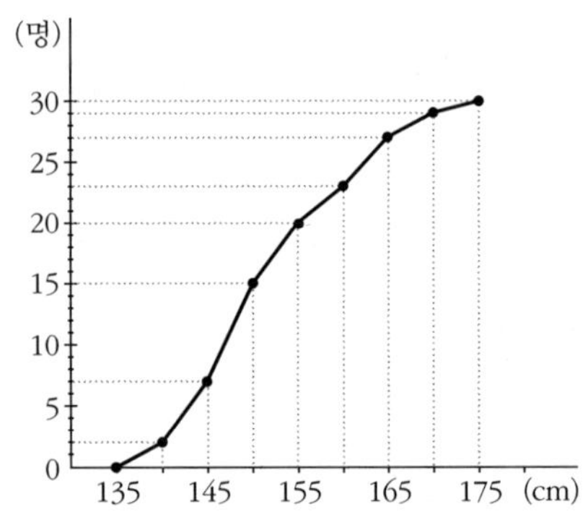

2 그래프의 눈속임

앞에서 자료를 정리하는 데 그래프를 활용하였다. 그래프는 표보다 훨씬 시각적이어서 한눈에 비교가 되기 때문에 많이 사용된다.

그러나 그래프로 사람 눈을 속이는 것도 쉬운 일이다. 여기서는 흔히 잘못 보일 수 있는 그래프에 관하여 알아보자.

엄청난 증가율?

학습지 만드는 회사가 있다고 하자. 회원을 늘리기 위한 다각적인 방법을 검토하던 중 한 사원이 이런 제안을 하였다. 이 학습지를 보는 사람들이 얼마나 늘어나고 있는지를 알림으로써 간접적인 광고 효과를 노리자는 의견이었다. 그래서 지난 1년간의 회원 수를

(단위: 천 명)

월	1	2	3	4	5	6	7	8	9	10	11	12
회원 수	200	204	207	209	210	211	212	213	214	216	218	220

조사하였더니 앞의 표와 같았다.

앞의 표를 그래프로 옮겨 보았다.

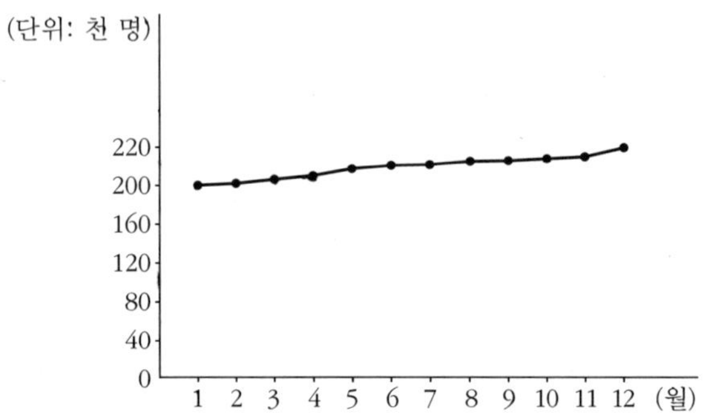

이 그래프를 보아서는 회원 수가 거의 증가하지 않은 것 같다. 이번에는 그래프의 아랫부분을 잘라 내고, 세로축의 눈금을 달리하여 그려 보았다.

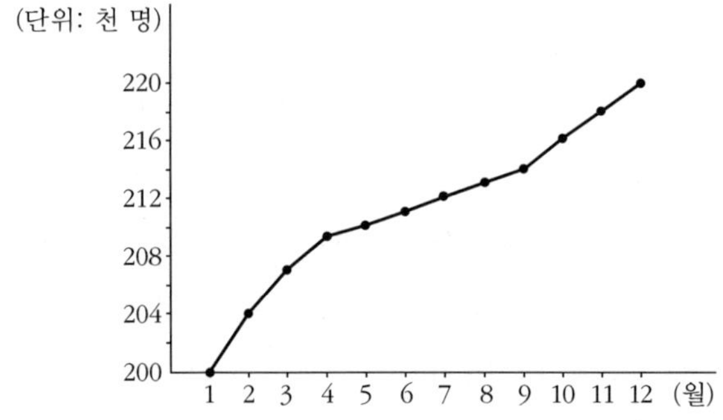

이 그래프를 보면 회원 수가 굉장히 많이 증가한 것처럼 보인다. 물론 세로축을 이보다 더 자세히 나누면 경사가 더욱 급해져 언뜻

보기엔 급격하게 증가한 것처럼 보일 것이다. 그러나 실은 모두 처음의 그래프와 다를 바 없는 값이다.

같은 수치의 자료로 이처럼 다른 그래프가 나온다는 것은 무서운 일이다. 누군가가 중요한 정보를 원하는 형태로 만들어 사람들의 눈을 속이는 데 쓸 수도 있을 테니까. 물론 이 사실을 잘 아는 우리는 속지 않겠지만 말이다.

중간을 잘라낸 그래프

어떤 자료로 그래프를 그릴 때 수치가 아주 크면 다 표현할 수가 없으므로 중간을 잘라 내고 물결 무늬를 그려 넣는 경우가 있다. 이런 그래프도 주의해서 보아야 한다.

다음은 어느 해의 전국 주택 소유 현황에 관한 신문 기사에 실린 도표다.

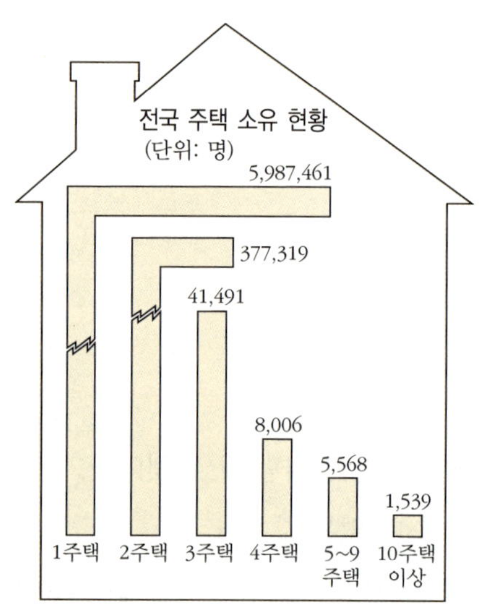

10주택 이상을 소유한 사람 수 1539명에 비해, 5~9주택이나 4주택을 소유한 사람의 수는 막대 길이의 비가 수치와 비슷해 보인다. 그러나 3주택 소유자인 4만 1491명을 표시하는 막대는 8006명의 5배 정도로 나타나 있지 않아 자세히 보지 않으면 오해하기 쉽다.

게다가 1주택이나 2주택을 소유한 사람은 그 수가 너무 많아서 제대로 그리려면 신문이 작을 지경이다(10주택 이상 소유자 1539명을 0.5cm로 나타낸다면, 37만 7319명은 123cm 정도나 되어야 한다. 598만

254

7461명은 계산해 볼 필요도 없이 신문지상에 도저히 그릴 수 없다). 그래서 할 수 없이 중간 부분을 잘랐지만, 이렇게 하면 정확히 비교할 수가 없다.

또 다른 예를 보자.

다음 도표는 어느 한 주 동안의 주가 동향을 그래프로 나타낸 것이다.

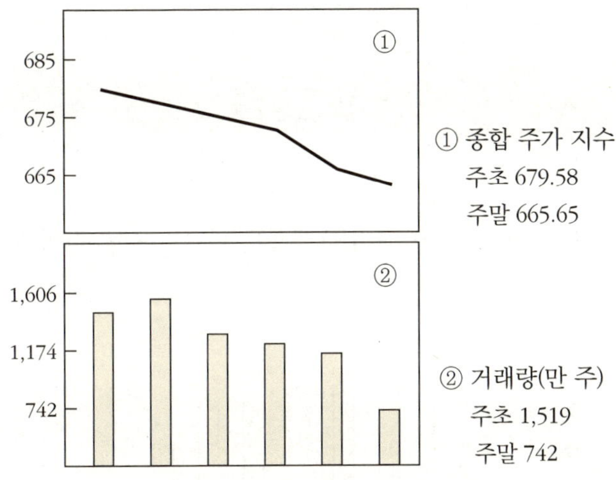

①은 종합 주가 지수인데 이 그래프의 세로축은 10을 단위로 하고 있다. 만약 똑같은 길이를 5로 표시한다면 그래프는 훨씬 변화가 심해 보이고, 20으로 표시한다면 안정된 것처럼 보일 것이다.

②의 막대 그래프는 거래량을 표시한 것인데, 중간 부분을 자르고(정확히는 아예 아래 전체를 없애고) 그렸다. 만약 이 그래프를 거래량 0부터 시작하는 세로축을 잡고 그린다면 어떤 모양이 될까?

앞의 그래프에 비해 아래의 그래프는 변화가 훨씬 적어 보인다.

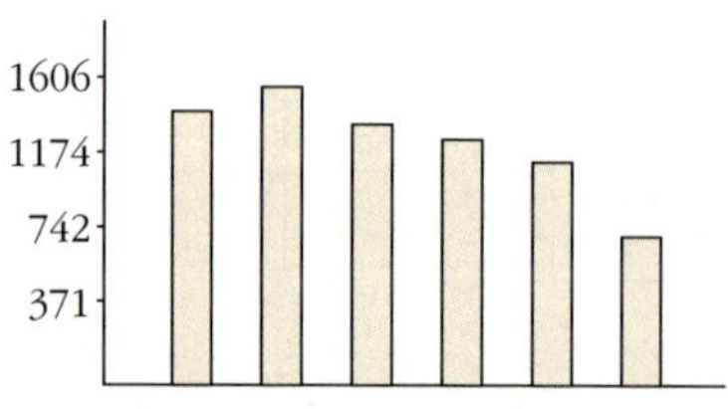

이처럼 같은 자료도 그래프를 어떻게 그리느냐에 따라 얼마든지 달라 보일 수 있다.

주의해서 보아야 할 그래프

다음의 그래프는 통계청에서 발표한 1992년에서 2003년까지의 소비자 물가 상승률을 연도별로 나타낸 것이다.

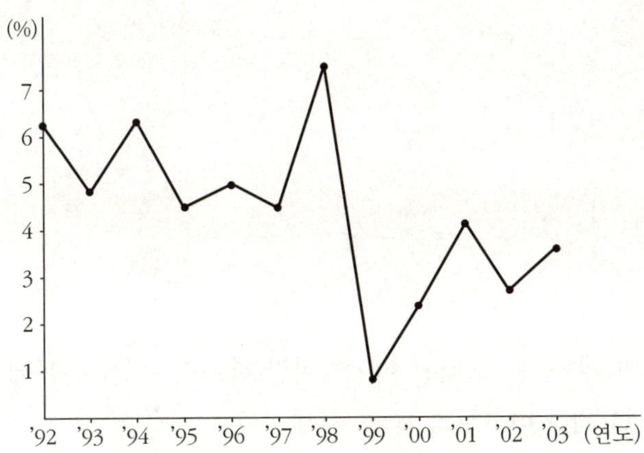

여기에 나온 수치는 전년과 비교한 백분율(%)이다. 다시 말해 1992년에는 물가가 1991년보다 6.2% 상승했고, 1993년의 물가는 1992년에 비해 4.8% 올랐다는 뜻이다. 이 그래프에서 보면 1990년대 말에 물가 상승률이 급격히 떨어진 후 대체로 이전보다 낮아졌음을 알 수 있다.

그런데 수치를 선으로 이어 놓은 이 그래프를 언뜻 보면 물가가 올랐다 내렸다 하는 것으로 착각할 수도 있다. 그러나 수치가 음수(마이너스)를 기록하지 않는 한 물가는 계속 상승하고 있음을 표시한다. 따라서 이 그래프는 물가의 오름 폭을 보여 주고 있다.

다음의 예는, 좀 오래된 이야기이긴 하지만, 요즘 신문에서도 이와 비슷한 예를 얼마든지 볼 수 있다.

미국 제철 협회는 1930년부터 1940년 사이에 미국 제강 산업의 생산력이 얼마나 향상되었는지를 설명하는 글에 다음과 같이 용광로를 그려 넣었다.

수치만 비교해 보면 1000만 톤에서 1425만 톤으로 1.5배 늘어났다. 용광로의 높이가 이 사실을 나타낸다. 그러나 높이만 늘어난 게 아니라 같은 비율로 폭도 넓어졌으므로 우리 눈에 보이는 종이 평면에서 용광로의 면적은 1.5^2, 즉 2.25배가 된다.

그런데 실제 용광로는 2.25배보다

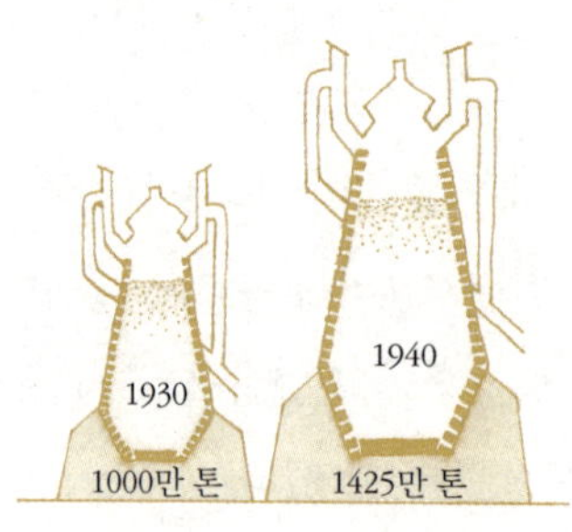

도 더 커 보인다. 용광로의 겉면에 표시된 벽돌 모양의 선도 굵어졌고, 밑부분에 까맣게 표시된 용해된 철의 양도 1.5배가 넘게 그려졌기 때문이다.

이처럼 평면에서의 도형은 위아래로 늘리면 넓이가 제곱비로 커지고, 공간에서의 입체는 부피가 세제곱비로 커진다는 사실은 잘 알려져 있다.

자료를 이용하려는 사람의 의도에 따라 앞의 예와 같은 그림이 그려진 기사를 보면 자칫 그 속임수에 말려들기 십상이다. 따라서 그래프를 이용한 설명은 대충 보지 말고 꼼꼼하게 살펴봐야 한다.

3 평균과 표준편차

평균, 기대값, 대표값

이 글을 읽는 사람 중에는 평균 하면 성적표의 평균란부터 떠올리고 얼굴을 찌푸리는 이가 있을지도 모른다. 하지만 사회가 복잡해진 요즘 우리 주위에는 무수히 많은 평균이 떠다니고 있다. 한국인의 평균 수명, 평균 키, 평균 수면 시간, 평균 근무 시간, 평균 텔레비전 시청 시간, 월 평균 보수, 고3 학생들의 평균 공부 시간, 신생아의 하루 평균 출생 수, 하루 평균 사망자 수, 하루 평균 일어나는 범죄 수, 하루 평균 교통 사고 건수, 한 달 동안 평균 결혼하는 쌍의 수, 평균 이혼하는 쌍의 수, 한국인이 하루에 버리는 쓰레기 양의 평균, 하루 소비하는 쌀의 양의 평균, 사람들이 출퇴근하는 데 걸리는 평균 시간, 한 달 평균 독서량, 우리나라 주택 한 채가 차지하는 면적의 평균, 사람들이 하루에 마시는 술의 평균량, 매년 1인당 해외 여행에 쓰는 외화의 평균 등등. 우리는 일일이 수를 세지 못할 만큼 많은 평균치 속에서 살고 있다.

우리는 대부분 이러한 평균치들을 아무 의심 없이 그냥 믿어 버리는 경우가 많으나 실제로 평균을 계산하는 방법은 여러 가지가 있으며, 계산 과정에 따라 많이 달라질 수 있다. 평균에 관한 여러 가지 흥미로운 사실에 대해 알아보자.

산술평균

산술평균은 우리가 흔히 쓰는 평균을 의미하는 것으로, 모든 자료의 값을 다 합하여 전체 자료의 수로 나누어 구한다. 즉, 각 한 개씩의 자료 a_1, a_2, a_3, $\cdots$, a_n이 있다면, 이때의 산술평균(평균)은

$$\frac{a_1 + a_2 + a_3 + \cdots + a_n}{n}$$ 이 된다.

학교에서 성적을 낼 때 사용하는 방법도 이것으로, 중간 고사에

서 수학을 90점, 기말 고사에서 80점 받은 사람의 한 학기 평균 수
학 성적은

$$\frac{90+80}{2}=85(점)이다.$$

기하평균

산술평균이 숫자상 평균이라면, 기하평균은 말 그대로 도형상의
평균이다.

양수 a와 b의 기하평균은 $\sqrt{ab}$인데, 이것의 도형상의 의미는 무
엇일까?

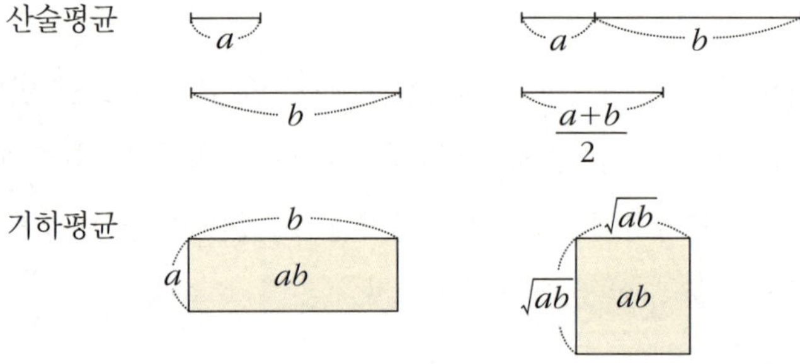

a와 b의 기하평균 $\sqrt{ab}$는 양변이 각각 a, b인 직사각형과 넓이
가 같은 정사각형의 한 변의 길이다.

그런데 a, b가 양수일 때,

$$\frac{a+b}{2}(산술평균) \geq ab(기하평균)$$

가 항상 성립한다는 사실은 널리 알려져 있다. 예를 들어 보자.

$a=4$, $b=9$이면,

산술평균: $\dfrac{4+9}{2}=6.5$

기하평균: $\sqrt{4\cdot9}=6$

$6.5>6$이다.

그러면 산술평균과 기하평균이 같아지는 것은 어느 때일까?

$$\frac{a+b}{2}=\sqrt{ab}$$

$$(a+b)^2=(2\sqrt{ab})^2$$

$$a^2-2ab+b^2=0$$

$$(a-b)^2=0$$

$$\therefore\ a=b$$

즉, $a=b$일 때이다.

예를 들어 $a=b=4$이면

$$\frac{4+4}{2}=\sqrt{4\times4}\ \text{로, 산술평균과 기하평균이 같다.}$$

기대값

어떤 게임에서 주사위를 던져서 나오는 수에 100을 곱한 액수를 상금으로 주기로 했다. 한 사람이 주사위를 한 번 던졌을 때 받을 것으로 기대되는 금액은 얼마일까?

누구나 주사위를 던지기 전에는 6이 나와서 600원 받기를 바라겠지만 그것은 희망 사항일 뿐이고, 수학적 계산은 엄격하다.

$$\text{상금의 총액}: 100 + 200 + 300 + 400 + 500 + 600$$
$$= 2100(원)$$

받을 사람의 수: 6(명)

$$\therefore \text{한 사람이 기대할 수 있는 금액}: \frac{2100}{6} = 350(원)$$

이것은 산술평균을 계산하는 방법과 똑같다. 이 계산의 식을 고쳐 써 보자.

$$\frac{100 + 200 + 300 + 400 + 500 + 600}{6}$$
$$= \frac{100}{6} + \frac{200}{6} + \frac{300}{6} + \frac{400}{6} + \frac{500}{6} + \frac{600}{6}$$
$$= 100 \times \frac{1}{6} + 200 \times \frac{1}{6} + 300 \times \frac{1}{6} + 400 \times \frac{1}{6} + 500 \times \frac{1}{6} +$$
$$600 \times \frac{1}{6}$$

여기서 $\frac{1}{6}$은 주사위의 눈 여섯 개 중 하나를 뜻한다. 다시 말하면 주사위를 던졌을 때 1이 나올 확률이 바로 $\frac{1}{6}$이다(2, 3, 4, 5, 6이 나올 확률도 각각 $\frac{1}{6}$이다).

그러므로 위의 식은 (금액)×(확률)을 합한 꼴이다. 이것을 평균 혹은 기대값이라고 한다(기대값이 금액일 때는 기대 금액이라고도 한다).

어떤 사람이 위의 게임으로 장사하여 돈을 벌고자 한다면 주사위를 던지는 사람들에게 미리 돈을 받아야 하는데, 이때의 금액은 기대값보다 많아야 한다.

좀더 명확하고 쉬운 예를 생각해 보자.

열 장의 종이 가운데 다섯 장에는 '0', 두 장에는 '500', 또 다른 두 장에는 '1000', 나머지 한 장에는 '10000'이라고 쓴 후 잘 접어서 섞는다. 뽑은 종이에 적힌 숫자만큼 상금을 주겠다고 하면(열 장이 다 뽑혀 나올 때까지는 한 번 뽑힌 종이를 다시 집어넣지 않는다고 하자), 사람들이 앞다투어 모여들 것이다. 게임 값으로 얼마를 받아야 손해가 나지 않을까? 한 번에 1000원씩 받는다고 하자. 어떤 사람이 1000원씩 열 번을 내고 열 장 모두 뽑았다면, 그 사람은 1만 원을 투자하여 1만 3000원을 번 셈이므로 3000원의 이익을 본다. 물론 장사하는 사람에게는 그만큼 손해다. 그러면 얼마를 받는 것이 좋을까?

게임을 한 번 했을 때 받을 것으로 기대되는 금액은,

$$0 \times \frac{5}{10} + 500 \times \frac{2}{10} + 1000 \times \frac{2}{10} + 10000 \times \frac{1}{10} = 1300(원)$$

이므로 이 이상을 받아야 이윤이 남는다. 그러나 가령 1500원 정도로 정한다면 이윤을 거의 남기지 못할 것이다.

왜냐하면 당첨된다 해도 받는 돈이 투자액보다 적은 500원, 1000원이고 끌리는 것은 1만 원짜리 한 장뿐이어서 사람들이 별로 모여들지 않을 테니까.

차라리 0−2장, 200−3장, 300−2장, 500−2장, 2000−1장으로 하면, 상금의 총액이 4200원이므로 한 장 뽑는 데 500원씩만 받아도 이윤이 남는다. 그리고 1500원 내고 1만 원을 얻는 것보다는 못하지만, 500원만 내면 다 날릴 염려도 적고 일부라도 건질 수 있고 재수 좋으면 네 배로 얻어갈 수 있다는 편안한 기대가 사람들을 많이 끌어 모을 것이다.

우리가 잘 아는 주택 복권이나 즉석 복권에도 이러한 원리가 숨어 있다. 요즘 시행되는 로또 복권(1에서 45까지의 숫자 중 순서에 관

계없이 여섯 개의 숫자를 맞추는 복권)은 주택 복권이나 즉석 복권과 달리 그 주의 복권 판매량에 따라 당첨금이 정해지는 방식이다. 그러나 어떤 종류든 각 복권의 가격이나 상금의 액수는 모두 위에서 본 기대값의 계산 속에서 정해진 것이므로, 설사 모든 복권에 당첨자가 있어서 당첨금이 다 나간다 해도 복권을 발행하는 측은 손해를 보지 않게 되어 있다.

확률의 역사는 도박의 역사다. 삼차방정식에 관한 남의 연구를 자기 이름으로 발표해 명성을 가로챈 수학자 카르다노(Cardano, 1501~1576)는 최초로 수학적 이론을 적용해 도박을 연구했다. 그러다 좀더 본격적인 연구가 진행된 것은 17세기 페르마(Fermat, 1601~1665)와 파스칼에 의해서였다.

파스칼(Blaise Pascal, 1623~1662)은 판사이며 과학자인 아버지와 명문가 출신의 어머니 사이에서 태어났다. 그는 네 살 때에 어머니를 여의었으나 가족들의 따뜻한 보살핌 속에서 자랐다. 그의 아버지는 다방면에 관심이 많고 이해가 깊은 사람이어서 그의 집에서는 때때로 수학자들과 과학자들이 모여 열띤 토론을 벌이곤 했다. 하지만 파스칼은 몹시 허약했으므로 그의 아버지는 파스칼이 수학에 관심을 갖지 않게 하려고 애썼다.

열두 살 되던 해의 어느 날, 파스칼은 아버지에게 "기하학이란 도대체 어떤 학문이에요?" 하고 물었다. 아버지는 "기하학이란 도형 상호간의 관계를 연구하는 학문이야."라고만 짧게 대답해 주었다.

이 말을 들은 파스칼은 곧 땅 위에 직선과 원 등을 그리며 혼자 연구하여 '삼각형의 내각의 합은 180°이다'라는 사실을 발견했다(불과 열두 살의 나이에!). 그의 천재성에 놀란 아버지는 그때부터 파스칼이 본격적으로 수학을 공부할 수 있

파스칼(1623~1662)

도록 도와주었다.

파스칼은 열여섯 살 때 '신비의 육각형'이라 불리는 정리[원뿔곡선에 내접하는 육각형에서 대응하는 변의 (연장의) 교점은 일직선 위에 있다]를 발견하여 세상을 깜짝 놀라게 하였다.

그는 파스칼의 원리, 파스칼의 삼각형, 확률론, 수학적 귀납법, 사이클로이드 연구 등의 업적을 남겼고, 유명한 저서 《명상록(팡세)》을 저술하였다. 그러나 이러한 과도한 연구로 건강을 해친 그는 죽는 날까지 심한 소화 불량과 만성 불면증으로 고통스럽게 살았으며, 결국 서른아홉이라는 젊은 나이로 세상을 떠나고 말았다.

"클레오파트라의 코가 조금만 낮았더라면 세계의 역사는 달라졌을 것이다!"

"인간은 자연에서 가장 약한, 한 줄기 갈대에 지나지 않는다. 그러나 그것은 생각하는 갈대다."

이 명언들은 그가 《명상록》에 남겨 놓은 말들이다.

파스칼이 생전에 사귄 친구 중에는 도박사 드 메레가 있었다. 이 도박사는 도박에 수학적 계산을 적용하여 상당한 이익을 보았는데, 그가 어느 날 도박에 관해 궁금한 점을 파스칼에게 편지로 물어 왔다.

"솜씨가 서로 비슷한 A, B 두 사람이 32피스톨(옛날 스페인 금화의 단위)씩을 걸고 내기를 하고 있네. 승부에서 한 번 이기면 1점을 얻고, 먼저 3점을 얻은 사람이 내기 돈 64피스톨을 몽땅 갖기로 했지. 그런데 A가 2점, B가 1점을 딴 시점에서 어떤 사정으로 부득이 시합을 중단하게 되었다면, 64피스톨을 어떻게 분배하는 것이 가장

합리적일까?”

파스칼은 생각 끝에 이런 답변을 보냈다.

“다음 한 판을 더 해서 A가 이긴다면 A는 세 번 이긴 것이므로 64피스톨을 가지게 되네. 만약 B가 이긴다면 A가 두 번, B가 두 번 이긴 셈으로 비기게 되어 32피스톨씩을 나눠 가져야겠지. 그러니까 A는 이기건 지건 32피스톨은 가지게 되어 있어. 나머지 32피스톨은 A나 B 중 이기는 사람 몫이 되겠지만 누가 이길지 모르니까 확률은 반반이네. 그러므로 A에게 32피스톨을 먼저 주고, 그 나머지의 반인 16피스톨을 더 주면 되네. 결과적으로 A는 48피스톨, B는 16피스톨을 가지면 되는 거지.”

파스칼의 계산법을 현대의 확률로 설명해 보자.

A가 게임에서 이길 확률을 계산해 보면 바로 다음 승부에서 이길 확률이 $\frac{1}{2}$이고, 다음 승부에서 지고 그 다음에 이길 확률은 $\frac{1}{2} \times \frac{1}{2} = \frac{1}{4}$이다. 결국 A가 이 게임에서 이길 확률은

$$\frac{1}{2} + \frac{1}{4} = \frac{3}{4}\text{이다.}$$

B가 이기려면 연이어 두번을 이겨야 하므로 $\frac{1}{2} \times \frac{1}{2} = \frac{1}{4}$이다.
그러므로

$$A : 64 \times \frac{3}{4} = 48$$

$$B : 64 \times \frac{1}{4} = 16$$

으로 분배하는 것이 옳다.

중앙값

중앙값이란 말 그대로 여러 수치를 차례로 늘어놓았을 때 한가운데에 있는 값이다.

여기 고등학생 상우와 지현이의 성적표가 있다고 하자.

상우: 90, 85, 95, 80, 75, 55, 50, 40

지현: 70, 40, 35, 80, 90, 80, 85, 100

이 두 가지 자료는 짝수 개이므로 중앙값이 두 개다.

상우의 중앙값: 80, 75

지현의 중앙값: 80, 90

이 값은 상우와 지현의 산술평균인 71.3, 72.5와는 거리가 있다.

최빈값

최빈값이란 여러 수치 중에서 가장 빈번하게 나타난 값, 즉 제일 많이 나온 값을 말한다.

앞의 예에서 지현의 성적 중에는 80점이 두 개이므로 80점이 최빈값인데 이 값도 각각의 산술평균과는 큰 차이가 있다.

평균의 함정

지금까지 여러 수치로 이루어진 자료를 대표하는 산술평균, 기하평균, 중앙값, 최빈값에 대하여 알아보았다.

이제 위와 같은 통계의 여러 대표값 중에서 가장 많이 쓰이는 평균값이 계산 방법에 따라 얼마나 달라질 수 있는지, 그래서 때로는 얼마나 믿을 수 없는 수치가 되는지 한번 꼼꼼히 따져 보자.

평균은 과연 믿을 만한가?

산술평균만으로는 엉뚱한 오해를 할 여지가 많다. 극단적이긴 하지만 뚜렷한 차이를 확인하기 위하여 다음과 같은 예를 들어 보자.

학급당 35명인 두 학급 A반과 B반에서 학생들의 한 달 용돈을 조사해 보았다. A반 학생은 모두 한 달에 2만 원씩 받고 있어서 이 반의 평균 한 달 용돈은 2만 원이었다. 그러나 B반은 재벌인 아버지에게 한 달 용돈으로 70만 원을 받는 학생 한 명을 제외하고 나머지 34명이 용돈을 받지 않고 있었다. 이 경우 B반의 평균도 2만 원

이다. 결과만 보면 B반의 학생들이 A반과 같은 용돈을 받는 것 같지만 그것은 실제와 다르다.

또 이런 경우도 있을 것이다. 어느 한적한 바닷가에 열 가구가 살고 있었다. 이 사람들은 조개를 줍거나 고기를 잡거나 산비탈에 채소를 조금 가꾸어 근근이 살아가고 있었으며, 소득이 아주 적어서 가난을 면치 못하고 있었다. 어느 날 이 동네 옆에 커다란 별장이 세워지고 한 노인이 그곳에 모습을 드러냈다. 그 노인은 여러 회사를 소유한 백만장자로서 건강이 좋지 않아 요양차 온 것이다. 그의 한 달 소득은 엄청난 액수였으므로 이 고장의 총 소득액도 껑충 뛰었고, 당연한 결과로 산술평균값도 엄청나게 올라갔다. 세상 사람들은 그 수치만 보고 이 바닷가 동네 사람들이 잘사는 줄로 오해하겠지만 그건 진실이 아니다.

혹시 학교에서 이런 경험을 한 적은 없는가? 우리 반이 전체 학년

중에서 매번 꼴찌를 했었는데 어느 날 반에서 꼴찌 하는 친구가 시험 날 결석하였더니 꼴찌를 면했다거나, 반대로 우리 반이 매번 1등만 했었는데 반에서 최상위권인 아이가 전학을 가고 나니 그 다음엔 1등을 할 수 없었다든지 하는 일 말이다. 반 사이의 평균차가 크지 않을 때(특히 소수점 이하만 차이가 날 때)는 단 한 명에 의해서도 순위가 바뀔 수 있다.

이와 같이 평균 자체만으로는 실상을 파악할 수 없는 경우가 많다. 그러다 보니 이 점을 이용해 남을 속이는 일도 일어난다.

신문에 이런 광고가 났다고 하자.

"새로운 체인점 모집. 소자본으로 고소득 보장. 기존 20개 체인점 월 평균 수입 800만 원. 뜻있는 분 급히 연락 바람."

어떤 사람이 이 광고를 보고 월 수입 액수에 놀라 즉시 체인점을 내기로 결정하고 가게를 열었다. 그러나 800만 원씩 벌기는커녕 매달 적자만 생겨 본사에 가서 허위 광고 여부를 따졌다. 회사 측에서는 아무 말 없이 각 체인점의 수입을 기록한 장부를 보여 주었다. 장부를 보니 20개의 체인점 중 대부분은 근근이 적자나 면하는 정도였고, 좋은 곳에 자리한 두세 곳만 큰돈을 벌고 있었다. 그들의 평균은 틀림없이 800만 원이었다. 이쯤 되면 어찌할 도리가 없게 된다. 회사 측이 도의적으로 옳은 것은 아니지만 수입액에 대해서만큼은 거짓말한 사실이 없으니 섣부르게 판단한 자신을 원망하며 가게를 정리하거나 더 분발하여 장사하는 수밖에.

어느 작은 회사의 구성원과 그들의 월급이 다음과 같다고 하자.

사장(1명)	—— 3000만 원
전무(1명)	—— 1200만 원
이사(2명)	—— 700만 원
부장(1명)	—— 500만 원
과장(3명)	—— 400만 원
계장(4명)	—— 300만 원
감독(1명)	—— 200만 원
노동자(12명)	—— 120만 원

이 월급의 평균을 내 보면 405.6만 원이 나온다. 외부 사람들은 이 수치만 보고 이 회사의 임금이 높다고 생각하겠지만, 실제로 이 평균보다 높은 월급을 받는 사람은 25명 중 5명밖에 안 된다. 그러므로 이 회사의 임금을 산술평균값으로 표현하는 것은 실제와 거리가 있다.

그러면 최빈값은 어떤가? 가장 많은 수가 받는 금액은 120만 원이다. 그러나 이 구조에서는 120만 원이 최하의 임금이므로 그것이 이 회사를 대표한다고 말하기는 좀 이상하다.

이런 경우에는 중앙값이 다른 값들보다 이 회사의 임금 수준을 잘 나타내 준다고 하겠다. 25명 중 한가운데에 있는 감독의 월급 200만 원을 기준으로, 그 이상을 받는 사람의 수가 반이고 그 이하를 받는 사람의 수가 반이라는 설명이 가장 적절하다.

이제 평균값을 달라지게 하는 요술을 본격적으로 부려 보자.

어떤 세 친구가 신발 만드는 공장을 세워 이익을 남겼다고 하자. 이 공장에는 100명의 노동자가 있는데 이들의 월급은 평균 90만 원이다(이들은 거의 같은 일을 하고 거의 동일한 임금을 받기 때문에, 이 때의 평균은 산술평균이거나 중앙값이거나 별로 다르지 않다).

어느 달에 공동 경영자 세 사람의 월급은 각각 500만 원이었고, 그 외의 이윤 3000만 원은 셋이서 나누어 가졌다.

노동자들과 경영자의 임금과 이윤의 평균을 적어 보면,

노동자들의 평균 월급   —   90만 원

경영자의 평균 월급과 이윤 —— 1500만 원

인데, 이대로는 경영자가 폭리를 취하는 것 같아 모양이 좋지 않다.

다른 방법으로 계산해 보자. 우선 3000만 원의 이윤 중에서 1800만 원은 수당이나 상여금의 명목을 붙여 세 사람의 경영자에게 지급

한 것으로 하고, 노동자들의 평균 월급을 계산할 때 경영자들의 월급
도 포함시켜서 계산한다.

　　그러면

　　　　노동자들의 총 월급　　　—— 9000만 원＋1500만 원＋
　　　　　　　　　　　　　　　　　　1800만 원
　　　　경영자의 이윤　　　　　　—— 1200만 원

이므로

　　　　노동자들의 평균 월급　—— 119.4만 원(1억 2300÷103)
　　　　경영자의 평균 이윤　　—— 400만 원(1200만÷3)

이렇게 되어 아주 그럴듯해 보인다.

　　앞의 계산으로는 경영자가 노동자들보다 16.7배나 많은 돈을 차
지하는 것으로 보이지만, 뒤의 경우처럼 계산해 놓으면 숫자상 차
이도 적을 뿐 아니라 경영자가 가져가는 이윤이 전체 임금의 0.03%
밖에 안 되는 것으로 나타나 매우 정직한 경영으로 보인다.

　　이처럼 평균이란 사용하는 사람의 의도에 따라 얼마든지 다른 모
습으로 둔갑할 수 있다. 그러므로 어떻게 조사하고 무엇을 포함하
거나 제외하여 계산한 것인지 확실히 알아보지 않고서 발표된 평균
값만 믿는 것은 현명한 일이 아니다.

　　실제로 이런 일도 있었다. 어느 지방의 한 개업 의사가 교통사고
로 숨졌다. 보험 회사는 보험금을 계산해 지급하려고 국세청에 가
서 그의 소득 수준을 기록한 서류를 뒤져 보았다. 그가 어느 정도의
돈을 벌고 있었는지, 사고가 없었다면 60세까지 어느 정도의 소득
이 있을지에 따라 보상금 액수가 달라지기 때문이다.

그런데 의사나 변호사, 개인 사업자들은 소득을 자진 신고하게 되어 있다. 공무원이나 회사원은 각자 신고하지 않아도 월급을 지급하는 기관이 있어 정확히 계산되지만, 이들은 일일이 소득을 계산하기가 어렵기 때문에 스스로 소득액을 신고하고 그에 따른 세금을 내는 것이다.

사고를 당한 의사는 월 평균 소득이 99만 원으로 기록되어 있었기에(물론 그 의사 자신이 신고한 액수였다) 보험 회사는 이 금액을 기준으로 보상금을 지급하려고 하였다. 그러자 가족들이 거세게 반발하고 나섰다. 실제 소득은 월 평균 1500만 원이었으니 그 액수에 맞추어 보상금을 달라는 것이었다. 1500만 원은 99만 원의 15배가 넘는 어마어마한 금액이다.

이처럼 세금을 적게 내기 위해 소득을 낮추어 신고하는 의사들이 많다면, 국세청이 통계를 낸 의사들의 평균 수입과 실제 의사들이 벌어들이는 평균 수입은 커다란 차이가 있을 것이다.

표준편차

영우와 한결이는 친한 친구지만 서로 성격도 다르고 공부하는 방법도 달랐다. 영우는 전 과목을 고르게 공부하여 각 과목의 성적도 큰 차이가 없는 데 비하여 한결이는 자기가 좋아하는 수학은 열심히 하고 영어는 등한시하여 항상 두 과목의 점수 차이가 컸다. 국어, 영어, 수학 세 과목을 본 이번 실력 고사도 예외는 아니었다.

	국 어	영 어	수 학
영 우	65	60	55
한 결	60	30	90

두 사람의 평균을 계산해 보면,

$$영우 : \frac{65+60+55}{3} = 60$$

$$한결 : \frac{60+30+90}{3} = 60$$

으로 같기 때문에 석차도 같을 것이다. 그러나 두 사람의 실력이 같다고 말하기는 어딘지 이상하다.

이처럼 평균만 가지고 실제 두 자료의 성격을 비교하기가 어렵다는 것은 앞의 많은 예를 통해서도 실감하였을 것이다. 이러한 문제를 극복하기 위한 방법이 바로 표준편차를 구하는 것이다.

표준편차는 자료의 값들이 평균에서 얼마나 떨어져 있는지를 나타내는 값이다.

$$\text{표준편차:} \sqrt{\frac{(\text{자료}-\text{평균})^2 \text{의 합}}{\text{자료의 수}}}$$

$$\text{기호로 나타내면:} \sqrt{\sum_{i=1}^{n}(x_i-m)^2 \times \frac{1}{n}}$$

영우의 성적의 표준편차를 구해 보자.

$$\sqrt{\frac{(65-60)^2+(60-60)^2+(55-60)^2}{3}}$$

$$=\sqrt{\frac{50}{3}} \fallingdotseq 4.08$$

한결이의 표준편차는?

$$\sqrt{\frac{(60-60)^2+(30-60)^2+(90-60)^2}{3}}$$

$$=\sqrt{600}=10\sqrt{6} \fallingdotseq 24.49$$

그런데 왜 이렇게 공식이 까다로워졌을까? 곰곰이 생각해 보자.

만일 표준편차를 그냥 '(자료−평균)의 합'으로 정했다면 영우의 성적을 예로 들면,

$$(65-60)+(60-60)+(55-60)=5+0+(-5)=0$$

이 되어 편차를 구한 의도가 무위로 돌아간다. 그래서 평균에서 떨어진 정도를 양의 값으로 나타내기 위해 제곱이 필요했고, 그 때문에 커진 값을 처음 의도대로 되돌려 놓기 위해 다시 제곱근의 값을 구한 것이다.

앞에서 계산한 것처럼 영우와 한결이는 평균은 같으나 표준편차가 차이가 많이 난다. 표준편차가 작은 영우는 대체로 세 과목의 성적이 고르고, 표준편차가 큰 한결이는 과목마다 점수차가 크게 난다는 것을 알 수 있다.

앞에 나온 학급당 한 달 용돈의 예도 표준편차를 구해 보면 차이가 뚜렷이 드러난다. 학급 평균 성적도 마찬가지다. A반과 B반의 평균은 비슷해도 A반이 B반보다 표준편차가 훨씬 작다면 A반은 학생들끼리 성적이 그리 큰 차이가 나지 않는 반면, B반은 잘하는 학생은 아주 잘하고 못하는 학생은 아주 못한다는 것을 의미한다.

이처럼 평균만으로는 파악할 수 없는 감추어진 특징은 표준편차의 도움을 받아 그 정체를 좀더 밝혀 낼 수 있다.

4 표본

왜 표본이 필요할까?

건전지를 만드는 어느 회사에서, 새로 개발한 제품이 과연 20시간 동안 사용이 가능한지 검증한 후 시중에 내놓기로 하였다. 사장의 명령을 받은 기사가 생산한 건전지를 모두 사용해 본 결과 전부 20시간 넘게 쓸 수 있었다.

기사는 몹시 기뻐하며 사장님께 이 사실을 보고했으나, 생산한 건전지를 다 써 버려 시중에 내다 팔 건전지가 없었다. 이 회사는 다른 방법으로 건전지의 성능을 조사했어야 했다. 건전지의 전부가 아닌 일부만을 검사하는 방법으로.

선거가 다가오면 각종 매스컴에서 여론 조사를 한다. 어떤 사람이 대통령에 당선될지, 어떤 인물이 국회의원이 될지를 미리 점쳐 보는 이 작업은 중요한 의미를 지닌다. 가장 정확한 방법은 유권자 모두에게 직접 물어 보는 것이겠지만(물론 대답한 대로만 투표하는 것이 아니므로 이것도 아주 정확하다고는 할 수 없다), 그 방법은 비용과

시간이 많이 들어 거의 불가능하며, 그보다 결과가 나왔을 때는 이미 때가 늦을 수도 있다. 또 한 텔레비전 방송국에서 저녁 7시에서 8시 사이에 방영하는 중요한 특집극의 시청률을 조사한다고 하자. 이때 텔레비전이 있는 모든 집에 다 물어 볼 수는 없는 노릇이다.

이처럼 어떠한 자료의 성격을 알아내는 데 대상 전체를 조사하기가 힘든 경우에는 그 중 일부를 뽑아 조사한 후 그 결과로 전체를 추측하는 방법을 쓴다. 이때 파악하고자 하는 자료 전체의 집단을 모집단이라 하고, 모집단에서 선택된 부분집합을 표본, 이 부분집합의 원소의 개수를 '표본의 크기'라고 한다. 일부를 표본으로 선택하는 것을 '표본을 추출한다'라고 하며, 이처럼 표본을 추출하여 조사하고 그것으로 전체를 추측하는 조사 방법을 **표본조사**라고 한다.

물론 표본조사만으로는 불충분한 경우도 있다. 이를테면 우리나라 국민의 인구수와 생활 실태를 조사하는 인구 센서스의 경우는 비용과 시간이 많이 들더라도 대상 전체를 조사해야 한다(이것을 전수조사라고 한다). 그러나 대부분의 경우 앞에서 예를 든 것처럼 생산품의 품질이나 시민 여론 조사 등에는 표본조사가 필수적으로 활용된다.

엉터리 표본조사

1936년 미국에서는 공화당의 랜든 후보와 민주당의 루스벨트 후보가 겨룬 대통령 선거가 있었다. 선거를 앞두고 《리터러리 다이제스트(Literary Digest)》라는 잡지에서는 전화번호부와 자동차 등록 명부에 있는 사람들에게 우편으로 여론 조사를 실시했는데, 조사 결과가 랜든 370에 루즈벨트 161이라고 나와 편집진은 확신을 가지고 랜든 후보의 승리를 예언했다.

그러나 실제 투표 결과 랜든 후보는 36.5%의 표를 얻은 반면, 루스벨트 후보는 60.8%의 표를 얻어 대통령에 당선되었다. 무엇이 잘못된 것일까?

이후 많은 조사를 벌인 결과 분명 이 표본에 문제가 있다는 것이 밝혀졌다. 왜냐하면 1936년 당시에 전화나 자동차를 소유한 이들은 상당히 재력이 있는 사람들이었으며, 이렇게 경제력이 있는 계층에는 보수적인 사람이 많기 때문에 보수 성향인 공화당이 우세했던 것

이다. 이러한 특정 계층의 사람들이 미국 전체를 대표하는 것이 아니므로, 이 조사는 투표에서 루즈벨트가 당선되는 것을 예측하지 못한 것이다.

지금은 거의 대부분의 가정에 전화가 보급되어 있지만, 전화번호부에서 임의로 표본을 추출하여 여론 조사를 하는 경우 또 다른 문제가 생긴다. 전화가 없는 소수의 의견은 무시될뿐더러, 혼자 사는 사람은 자기 의견 하나가 반영되지만 여섯 명이 사는 집의 응답은 묻는 방법이나 조사 결과를 이용하려는 측의 의도에 따라 여섯 명의 몫으로 계산될 수도 있기 때문이다.

또 요즘 문제가 되는 통계로는 이혼율이 있다. 흔히 이혼율이

30%라고 하면 부부 세 쌍 중 한 쌍이 이혼하는 것처럼 생각하는데, 실제로 주변을 둘러보면 이혼한 사람이 그 정도로 많지는 않음을 알 수 있다. 그런데 이 30%라는 수치는 전체 부부 중 이혼하는 비율이 아니라 특정한 해에 새로 결혼한 부부와 이혼한 부부의 비율이므로 셋 중 하나가 이혼한다는 표현은 옳지 않다.

한 예로 2002년에 결혼한 부부 수는 30만 6600여 쌍이고 이혼한 부부 수는 14만 5300쌍이므로 단순 이혼율은 $\frac{145300}{306600} \times 100 = 47.4(\%)$다. 이 통계 수치를 가지고 두 쌍 중 한 쌍이 이혼한다고 말해서는 안 된다.

이처럼 표본조사는 조사의 대상이 되는 표본에 따라 결과가 판이하게 달라질 수 있으므로, 무엇보다 표본을 선정하는 방법에 주의를 기울여야 한다.

이제 잘못된 방법으로 신빙성 없는 통계가 되어 버린 예를 몇 가지 더 살펴보자. 요즈음 우리 주위에 넘쳐나는 각종 통계 자료에 속지 않기 위한 훈련이 될 것이다.

잘못 채택된 표본과 여러 가지 변수

우리나라는 해마다 입시철만 되면 온 나라가 몸살을 앓는다. 어떻게 해서든 대학에 가야 하고 또 그 중에서도 이른바 일류 대학에 가야 한다는 강박적인 경쟁으로 문제가 심각하다.

그런데 일류 대학을 나오면 정말 보통 사람들보다 훨씬 잘사는 것일까? 어떤 사람이 이 문제를 궁금히 여겨 조사를 한다고 하자.

그는 우선 조사 대상자를 선정할 것이다. 사회에서 가장 중심적인 역할을 할 만한 나이를 45세로 생각하고, 대략 현재 45세 정도로 보이는 이른바 몇몇 일류 대학의 ○회 졸업생들을 대상자로 선정했다고 하자. 그 다음에는 졸업생 현황을 담은 동창회보를 뒤져 그들에게 설문지를 보내, 이에 대한 답신을 토대로 계산해서 평균을 낼 것이다.

그러나 이러한 조사의 결과는 그리 믿을 만한 것이 못 된다. 중간 과정에서 통계가 왜곡될 소지가 많기 때문인데, 그 가장 큰 요인은 잘못된 표본 채택이다.

먼저 어느 학교나 졸업생 명부를 보면 빈칸으로 있는 것이 많다. 졸업한 지 얼마 안 된 사람도 파악되지 않는 경우가 허다한데, 졸업하고 20여 년이 지난 사람들은 말할 것도 없다. 하는 수 없이 이들을 처음부터 조사 대상에서 제외하게 되는데, 이렇게 소재가 파악되지 않는 사람들은 대부분 사회적으로 성공하지 못한 사람일 가능성이 높다. 그가 높은 사회적 지위나 안정된 직장을 얻어 살고 있다면 연결되지 않을 리가 없을 테니까.

또 설문지를 받고도 회신을 안 보내는 사람들은 어떤 사람들일까? 남에게 내세울 만한 명성과 그에 걸맞은 소득이 있는 사람보다는 대부분 학벌에 비해 소득이 별볼일없는 사람일 가능성이 크다. 결국 조사 대상으로는 그럭저럭 남에게 내세울 만한 성공을 거둔 사람들만 남을 것이다.

변수는 또 있다. 평소 월 평균 소득을 99만 원으로 신고했다가 사고로 죽자 그의 가족들이 보상금 계산을 월 평균 소득 1500만 원으로 해 달라고 했다는 어느 의사의 예를 떠올려 보자. 이 사람이 살

아 있을 때 그런 설문지를 받았다면 평균 소득을 99만 원으로 답했을 가능성이 크다. 혹시 세무 관계에 있는 사람에게 알려질지도 모른다는 불안감 때문에.

일반 회사원이나 공무원일 때도 문제가 있다. 1년간 자신이 번 돈 전체를 12로 나누어 평균을 낼 수도 있지만, 사람에 따라서는 보너스가 안 나오는 달의 월급을 쓸지도 모른다. 반대로 어떤 이들은 진지하지 않은 자세로 허풍을 떨며 부풀려 쓸 수도 있다. 이와 같은 여러 변수가 어울려 나온 액수는 정확한 수치라고 보기 어렵다.

이처럼 올바른 표본을 정하는 일은 쉽지가 않다. 전화를 사용하면 전화가 없는 사람들이 소외되고, 명동 거리 한복판에서 물어 보면 명동에 잘 안 나가는 사람이 소외되고, 낮에 가정 방문을 하면 주부들의 의견 위주로 나타나고, 사무실을 찾아가면 집에 있는 사람들이 빠지게 되고…….

언젠가 신문에 학부모의 90퍼센트가 학교 선생님께 촌지를 건넨 적이 있다는 조사 결과와 함께 선생님들에 대한 호된 비판이 담긴 기사가 나와 사회적으로 큰 관심을 끈 적이 있었다. 그러나 얼마 지나지 않아 이 기사를 쓴 기자가 만난 사람들이 서울에서도 가장 경제력 있고 교육열이 높은 강남 팔학군 지역의 학부모였다는 사실이 밝혀졌다. 이 조사 역시 표본을 잘못 선택한 경우에 속한다.

그러므로 어떤 통계를 볼 때 숫자에만 현혹되지 말고 어떤 대상을 표본으로 삼았는지, 어떤 방법으로 조사했는지를 살펴보아야 한다.

숨겨진 표본의 수

신문에 다음과 같은 광고가 났다.

"금번 저희 회사에서 출시한 이 신제품에 대해 소비자 의견을 조사한 결과 응답자의 75%가 높은 만족도를 보여 주셨습니다."

언뜻 보면 대단히 좋은 제품이 나온 것으로 생각하기 쉽다. 그러나 이 광고의 가장 큰 허점은 조사 대상이 어떤 사람들인지 전혀 정보를 밝히지 않았다는 것이다. 극단적으로 네 명에게 물었을 때 세 명이 좋다고 말했다면 75%가 된다. 그뿐 아니라 이 조사를 회사원들이 자기 친구나 친척 등 아는 사람들을 주요 대상으로 했다면 그들은 싫은 소리를 할 수가 없었을 것이다.

이처럼 우리가 광고에서 접하는 대부분의 수치는 표본의 수와 성격을 정확히 밝히지 않는다(요즈음은 좀 나아졌지만). 그러나 이러한

조사 대상에 관한 정보는 통계에서 매우 중요하다.

연관이 없다고 생각할지 모르지만 확률에서도 조사 대상의 수는 중요한 의미를 지닌다.

예를 들어 한 개의 동전을 던졌을 때 앞면이 나올 확률에 대하여 생각해 보자. 동전에는 앞면과 뒷면밖에 없으므로 둘 중의 하나라는 점에서 $\frac{1}{2}$ 이라고 생각하기 쉬우나 반드시 그런 것은 아니다. 이 말이 이상하게 들린다면 다음과 같은 경우를 생각해 보자. 내가 지금 저쪽으로 2m 정도 떨어진 작은 휴지통을 향해 깡통을 던지려 한다. 이 깡통이 휴지통에 들어갈 확률은 얼마일까? 분명히 휴지통에 들어가거나 들어가지 않거나 둘 중 하나지만, 그렇다고 해서 들어갈 확률이 $\frac{1}{2}$ 이라고 말하지는 않는다. 당연하게도 작은 휴지통 안에 깡통을 던져 넣기란 무척 어려운 일이기 때문이다! 이처럼 동전도 던졌을 때 반드시 앞면 아니면 뒷면이 나오는 것만은 아니다. 아주 드물긴 하겠지만 옆으로 설 수도 있고, 어느 구석으로 들어가 찾지 못할 수도 있다.

실제로 동전을 던져 보자. 열 번을 던졌더니 앞면이 여덟 번, 뒷면이 두 번 나왔다. 그러면 앞면이 나올 확률은 $\frac{8}{10}$, 즉 $\frac{4}{5}$가 되는가? 그건 좀 이상하다. 열 번은 너무 적은 횟수 같다. 한 백 번쯤 해 보면 어떤 결과가 나올까? 천 번을 던지면? 많이 던지면 던질수록 앞면이 나오는 확률이 $\frac{1}{2}$에 가까워질 것이다. 이러한 결과를 **통계적 확률**이라 한다. 시행 횟수가 충분히 클 때의 통계적 확률은 수학적 확률과 같다는 사실이 증명된 바 있다(대수의 법칙). 한 개의 동전을 던질 때 앞면이 나올 (수학적) 확률이 $\frac{1}{2}$인 것은 이러한 통계적인 이유 때문이다.

우리가 임신한 여자를 보고 아들을 낳을 확률이 $\frac{1}{2}$, 딸을 낳을 확률이 $\frac{1}{2}$이라고 얘기하는 것도 이와 같은 원리다. 여자와 남자 둘 중의 하나이기 때문에 $\frac{1}{2}$이 아니라 많은 신생아를 조사해 본 결과 남아와 여아의 비율이 거의 1:1이었기 때문에 각각의 확률이 $\frac{1}{2}$이 된 것이다(만약 지금까지 태어난 신생아의 비율이 남아:여아＝2:1이었다면 곧 태어날 아이가 남아일 확률은 $\frac{1}{2}$이 아니라 $\frac{2}{3}$가 된다).

태초에 태어난 몇 명의 아이나 한 집안에 있는 자녀의 성별만 조사해 보아서는 알 수 없었을 결과다.

아부꾼 수학자, 라플라스

확률 연구에서 빼놓을 수 없는 수학자가 라플라스(Pierre Simon de Laplace, 1749~1827)다. 그는 자신의 연구 성과를 《확률의 해석적 이론》이라는 책으로 발표했는데, 이 책은 확률론의 고전이 되었다.

라플라스(1749~1827)

라플라스가 당대 최고의 수학자 가운데 하나였음에도 실제 업적보다 낮게 평가되는 이유는 두 가지가 있다. 그 하나는 정치적으로 지조가 없고 학자답지 않게 기회주의자였다는 점이고, 다른 하나는 그의 연구가 당시 다른 수학자들에 비하여 직접적이고 지속적인 영향을 끼치지 못했다는 점이다.

라플라스는 어느 가난한 농민의 아들로 태어났다. 어려서부터 워낙 영리하여 마을의 부자가 공부를 하게 도와주어, 그는 마을의 육군 학교에서 공부한 뒤 곧 그 학교의 수학 교수가 되었다. 그러다 열여덟 살 때 당시 프랑스의 대수학자인 달랑베르(d'Alembert, 1717~1783)의 소개로 파리 육군 학교의 수학 교수가 되어 연구에 몰두할 수 있었다.

그런데 라플라스는 자존심이 강하고 허영심이 많아 어려웠던 어린 시절에 관해 얘기하기를 꺼렸다고 한다. 정치에도 관심이 있었던 그는 혁명 정부에서 자리를 얻자 이때는 공화정을 찬양하며 아부하였다.

그러나 나폴레옹 1세가 황제가 되자 왕정을 찬양하며 나폴레옹에게 충성을 맹세하였다. 덕분에 내무장관에 임명되었으나 실책을 거듭하여 파면당하고 말았다. 하지만 나폴레옹은 그의 고약한 성격을 아는지라 원로원 의원 자리를 대신 내주었다.

그 후 나폴레옹이 전쟁에서 패하고 섬으로 귀양 가게 되자 라플라스는 새로 왕이 된 루이 18세에게 충성을 맹세하고 귀족이 되었다.

그는 이처럼 세 차례에 걸쳐 바뀐 정치 권력에 모두 충성을 맹세하는 변절을 거듭했는데, 그때마다 자신의 저술 속에 당시 정권에 대한 열렬한 찬사를 써 놓아 후세에 웃음거리가 되고 있다.

학문적 업적이 뛰어남에도 라플라스가 대접을 받지 못하는 것은 바로 이런 연유 때문이다.

조사 방법 때문에 생기는 오류

얼마 전에 나는 떠먹는 요구르트에 대한 설문에 응한 일이 있다. 그러나 몇 가지 질문은 대답하기가 모호하여 곤란했다.

그 중 하나는 "당신은 어느 회사의 어떤 제품을 가장 잘 드십니까?"였는데, 보기에 나온 제품 중 내가 먹어 본 것은 두 종류뿐이었다. 그것도 나의 선택에 의한 것은 아니었다. 학교 앞 가게에서는 A라는 제품만 팔고 있었고, 집 앞 구멍가게에서는 B라는 제품만 팔았기 때문에 선택의 여지가 없었으며, 그 외의 제품은 본 적도 없었다. 이처럼 여러 가지를 비교할 만한 환경이 주어지지 않은 상태에서 이루어지는 조사란 아무 의미가 없다.

또 하나 곤란했던 점은 설문을 실시하는 회사 제품을 여러 가지 기준으로 평가하는 것이었는데, 질문들이 다음과 같았다.

- 포장된 상태는 어떤가?
- 신선도는?
- 포장 용기의 모양은?
- 포장 용기의 색깔은?
- 유산균의 함량 정도는?
- 맛의 신 정도는?

그 외의 질문들도 무척 까다로웠으며, 선택권 없이 먹기만 했던 내가 대답하기에는 너무 자세하거나 어려운 내용이 많았다. 그러나 아르바이트로 조사를 하러 다닌다는 그 대학생을 보아 대충이나마 적어 주고 말았다. 어쩌면 설문에 응한 사람들의 대부분이 그러했으리라.

그 제품을 만든 회사 측에서 그 결과를 종합하여 대외적으로 발표하려 했는지 자체 평가 자료로 삼으려 했는지는 알 수 없으나, 별다른 효과가 없을 것 같은 설문 조사였다.

대부분의 설문지가 위의 경우처럼 객관식 문항을 채택하고 있어서 응답자의 선택 폭이 좁다. 어떤 질문이든 '매우 그렇다', '대체로 그렇다', '보통이다', '대체로 그렇지 않다', '매우 그렇지 않다' 하는 식의 정형화된 형태로 대답하기는 참으로 어렵다. 그래서 응답자는 자신의 의견을 충실히 반영하지 못한 채 대충 한 가지를 선택하게 된다. 이렇듯 질문 방법이나 내용에 따라 조사 결과는 얼마든지 왜

곡될 수 있다.

또한 설문에 응하는 사람들의 심리가 되도록 조사하는 쪽의 의도에 맞추어 주려는 쪽으로 작용하기도 한다. 상대방을 굳이 거스르는 불편함을 피하기 위해 거짓말을 할 수도 있다는 뜻이다.

내용에 따라 때로는 거짓으로 답하고 싶은 질문도 있다. 예를 들면, '하루에 이를 몇 번 닦습니까?' '한 달에 책을 몇 권 읽습니까?' '어떤 종류의 잡지를 주로 보십니까?' '마음을 터놓을 수 있는 친구는 몇 명이나 있습니까?' '머리는 얼마나 자주 감습니까?' 등과 같은 질문이 그렇다. 이런 질문을 받으면 누구든 좋은 쪽으로 대답하기 마련이다.

지금까지 살펴본 것처럼 통계에는 무수한 함정이 도사리고 있다. 그러므로 어떤 통계 수치를 접할 때에는 여러 가지 면을 분석하고 검토하여 진실을 가려낼 줄 아는 현명함을 키워야겠다.

청소년의 책 디딤돌 18
수학은 아름다워 2 (개정판)
© 육인선, 2004

초 판 1쇄 펴낸날 1992년 3월 20일
개정판 1쇄 펴낸날 2004년 8월 25일
개정판 16쇄 펴낸날 2018년 8월 10일

지은이 육인선
펴낸이 이건복
펴낸곳 도서출판 동녘

등록 제311-1980-01호 1980년 3월 25일
주소 (10881) 경기도 파주시 회동길 77-26
전화 영업 031-955-3000 편집 031-955-3005 **전송** 031-955-3009
블로그 www.dongnyok.com **전자우편** editor@dongnyok.com

ISBN 978-89-7297-530-4 03410
　　　978-89-7297-528-1 (세트)

• 잘못 만들어진 책은 바꿔 드립니다.
• 책값은 뒤표지에 쓰여 있습니다.